중학 연산의 빅데이터

빅터
연산

중학 연산의 **빅데이터**

빅터 연산

2-A

STRUCTURE

---

01 유리수 [Feedback]

정답과 해설 | 2쪽

❶ 유리수 : $\frac{1}{2}$, $\frac{3}{4}$, …과 같이 $\frac{(정수)}{(0이\ 아닌\ 정수)}$의 꼴로 나타낼 수 있는 수

❷ 유리수의 분류

유리수 $\begin{cases} 정수 \begin{cases} 양의\ 정수(자연수) : 1, 2, 3, \cdots \\ 0 \\ 음의\ 정수 : -1, -2, -3, \cdots \end{cases} \\ 정수가\ 아닌\ 유리수 : \frac{1}{2}, -\frac{2}{3}, 0.7, -2.4, \cdots \end{cases}$

[모든 정수는 유리수야!]

○ 아래의 수에 대하여 다음을 모두 구하시오.

1-1

-3.2,	$\frac{8}{4}$,	0,	-1,
5,	1.5,	$-\frac{2}{3}$,	$\frac{2}{5}$

(1) 자연수 _____

(2) 정수 _____

(3) 정수가 아닌 유리수 _____

(4) 양의 유리수 _____

(5) 음의 유리수 _____

(6) 유리수 _____

1-2

0.4,	-8,	3,	$-\frac{15}{5}$,
$-\frac{3}{4}$,	3.14,	1,	$\frac{4}{7}$

(1) 자연수 _____

(2) 정수 _____

(3) 정수가 아닌 유리수 _____

(4) 양의 유리수 _____

(5) 음의 유리수 _____

(6) 유리수 _____

핵심 체크

정수는 분수로 나타낼 수 있으므로 유리수이다. ⑩ $0 = \frac{0}{1}$, $-2 = -\frac{4}{2}$

---

02 유한소수와 무한소수

정답과 해설 | 2쪽

❶ 유한소수 : 소수점 아래에 0이 아닌 숫자가 유한개인 소수
  ⑩ 0.4 ➡ 소수점 아래에 0이 아닌 숫자가 1개
    0.123 ➡ 소수점 아래에 0이 아닌 숫자가 3개

❷ 무한소수 : 소수점 아래에 0이 아닌 숫자가 무한히 계속되는 소수
  ⑩ 0.333…, 0.142857…, $\pi = 3.141592$…

○ 다음 소수가 유한소수이면 '유', 무한소수이면 '무'를 써넣으시오.

1-1 0.1222…   (   )   **1-2** 0.05   (   )

2-1 0.545454…   (   )   **2-2** 1.6   (   )

3-1 3.524   (   )   **3-2** 0.1415924…   (   )

4-1 7.321   (   )   **4-2** 1.010010001…   (   )

5-1 8.6725   (   )   **5-2** 4.527…   (   )

6-1 3.121212…   (   )   **6-2** 0.149321   (   )

핵심 체크

소수는 소수점 아래의 0이 아닌 숫자의 개수에 따라 유한소수와 무한소수로 나뉜다.

개념 정리 & 연산 반복 학습

주제별로 반드시 알아야 할 기본 개념과 원리가 자세히 설명되어 있습니다.

연산의 원리를 쉽고 재미있게 이해하도록 하였습니다.

가장 기본적인 문제를 반복적으로 풀어 개념을 확실하게 이해하도록 하였습니다.

핵심 체크 코너에서 개념을 다시 한번 되짚어 주고 틀리기 쉬운 예를 제시하였습니다.

STEP 2 1. 유리수와 순환소수

기본연산 집중연습 | 01~06

○ 다음 소수가 유한소수이면 '유', 무한소수이면 '무'를 써넣으시오.

1-1 0.5 ( )　　1-2 1.7333… ( )

1-3 0.0676767… ( )　　1-4 3.141592 ( )

○ 다음 분수를 소수로 나타내었을 때, 유한소수이면 '유', 무한소수이면 '무'를 써넣으시오.

2-1 $\frac{1}{4}$ ( )　　2-2 $\frac{1}{3}$ ( )

2-3 $\frac{2}{7}$ ( )　　2-4 $\frac{3}{5}$ ( )

○ 다음 분수를 소수로 나타낸 후 순환마디에 점을 찍어 간단히 나타내시오.

3-1 $\frac{5}{9}$　　3-2 $\frac{1}{12}$

3-3 $\frac{2}{37}$　　3-4 $\frac{1}{6}$

핵심 체크
❶ 유한소수 ➡ 소수점 아래에 0이 아닌 숫자가 유한개인 소수
❷ 무한소수 ➡ 소수점 아래에 0이 아닌 숫자가 무한히 계속되는 소수

STEP 2 기본연산 집중연습

다양한 형태의 문제로 쉽고 재미있게 연산을 학습하면서
실력을 쌓을 수 있도록 구성하였습니다.

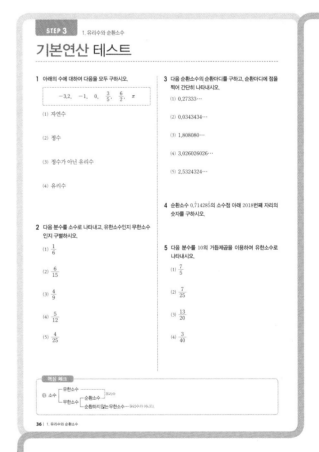

STEP 3 1. 유리수와 순환소수

기본연산 테스트

1 아래의 수에 대하여 다음을 모두 구하시오.

$$-3.2, \quad -1, \quad 0, \quad \frac{3}{5}, \quad \frac{6}{2}, \quad \pi$$

(1) 자연수

(2) 정수

(3) 정수가 아닌 유리수

(4) 유리수

2 다음 분수를 소수로 나타내고, 유한소수인지 무한소수인지 구별하시오.

(1) $\frac{1}{6}$

(2) $\frac{6}{15}$

(3) $\frac{4}{9}$

(4) $\frac{5}{12}$

(5) $\frac{4}{25}$

3 다음 순환소수의 순환마디를 구하고, 순환마디에 점을 찍어 간단히 나타내시오.

(1) 0.27333…

(2) 0.0343434…

(3) 1.808080…

(4) 3.026026026…

(5) 2.5324324…

4 순환소수 0.714285의 소수점 아래 2018번째 자리의 숫자를 구하시오.

5 다음 분수를 10의 거듭제곱을 이용하여 유한소수로 나타내시오.

(1) $\frac{7}{5}$

(2) $\frac{7}{25}$

(3) $\frac{13}{20}$

(4) $\frac{3}{40}$

핵심 체크
❶ 소수 ┬ 유한소수
　　　 └ 무한소수 ┬ 순환소수 ─ 유리수
　　　　　　　　 └ 순환하지 않는 무한소수 ─ 유리수가 아니다

STEP 3 기본연산 테스트

중단원별로 실력을 테스트할 수 있도록 구성하였습니다.

| 빅터 연산 공부 계획표 |

유리수와 순환소수

분수는 기원전 1800년 경에 **물건을 나누는** 개념으로 처음 사용되었다.
그러나 실생활에서 분수를 더하거나 빼는 것은 통분을 해야 하므로 상당히 번거롭다.
소수는 이와 같은 번거로운 계산을 쉽게 하기 위해 고안되었으며
물건의 길이와 양을 측정할 때 사용되었다. 또한 달리기나
멀리뛰기 등의 기록, 타율, 승률, 방어율 등을 나타내거나 은행에서
예금의 금리와 환율을 나타낼 때에도 사용한다.

01 유리수 [Feedback]

정답과 해설 | **2**쪽

❶ 유리수 : $\frac{1}{2}$, $\frac{3}{4}$, …과 같이 $\dfrac{(정수)}{(0이\ 아닌\ 정수)}$의 꼴로 나타낼 수 있는 수

❷ 유리수의 분류

$$유리수 \begin{cases} 정수 \begin{cases} 양의\ 정수(자연수) : 1,\ 2,\ 3,\ \cdots \\ 0 \\ 음의\ 정수 : -1,\ -2,\ -3,\ \cdots \end{cases} \\ 정수가\ 아닌\ 유리수 : \frac{1}{2},\ -\frac{2}{3},\ 0.7,\ -2.4,\ \cdots \end{cases}$$

모든 정수는 유리수야!

○ 아래의 수에 대하여 다음을 모두 구하시오.

1-1

$$-3.2,\qquad \frac{8}{4},\qquad 0,\qquad -1,$$
$$5,\qquad 1.5,\qquad -\frac{2}{3},\qquad \frac{2}{5}$$

(1) 자연수　＿＿＿＿＿＿＿

(2) 정수　＿＿＿＿＿＿＿

(3) 정수가 아닌 유리수　＿＿＿＿＿＿＿

(4) 양의 유리수　＿＿＿＿＿＿＿

(5) 음의 유리수　＿＿＿＿＿＿＿

(6) 유리수　＿＿＿＿＿＿＿

1-2

$$0.4,\qquad -8,\qquad 3,\qquad -\frac{15}{5},$$
$$-\frac{3}{4},\qquad 3.14,\qquad 1,\qquad \frac{4}{7}$$

(1) 자연수　＿＿＿＿＿＿＿

(2) 정수　＿＿＿＿＿＿＿

(3) 정수가 아닌 유리수　＿＿＿＿＿＿＿

(4) 양의 유리수　＿＿＿＿＿＿＿

(5) 음의 유리수　＿＿＿＿＿＿＿

(6) 유리수　＿＿＿＿＿＿＿

핵심 체크

정수는 분수로 나타낼 수 있으므로 유리수이다. 예 $0=\dfrac{0}{1}$, $-2=-\dfrac{4}{2}$

02 유한소수와 무한소수

1 유한소수 : 소수점 아래에 0이 아닌 숫자가 유한개인 소수
   예 0.4 ➡ 소수점 아래에 0이 아닌 숫자가 1개
      0.123 ➡ 소수점 아래에 0이 아닌 숫자가 3개
2 무한소수 : 소수점 아래에 0이 아닌 숫자가 무한히 계속되는 소수
   예 0.333⋯, 0.142857⋯, $\pi = 3.141592⋯$

○ 다음 소수가 유한소수이면 '유', 무한소수이면 '무'를 써넣으시오.

1-1 0.1222⋯ (   )   **1-2** 0.05 (   )

2-1 0.545454⋯ (   )   **2-2** 1.6 (   )

3-1 3.524 (   )   **3-2** 0.1415924⋯ (   )

4-1 7.321 (   )   **4-2** 1.010010001⋯ (   )

5-1 8.6725 (   )   **5-2** 4.527⋯ (   )

6-1 3.121212⋯ (   )   **6-2** 0.149321 (   )

> **핵심 체크**
> 소수는 소수점 아래의 0이 아닌 숫자의 개수에 따라 유한소수와 무한소수로 나뉜다.

03 분수를 유한소수 또는 무한소수로 나타내기

정답과 해설 | **2**쪽

분수 꼴의 유리수는 (분자)÷(분모), 즉 나눗셈을 하여 **정수 또는 소수**로 나타낼 수 있다.

$$\frac{6}{2} = 6 \div 2 = 3, \quad \frac{12}{3} = 12 \div 3 = 4 \qquad \longleftarrow \text{정수}$$

$$\frac{2}{5} = 2 \div 5 = 0.4, \quad \frac{123}{100} = 123 \div 100 = 1.23 \qquad \longleftarrow \text{유한소수}$$

$$\frac{1}{3} = 1 \div 3 = 0.333\cdots, \quad \frac{1}{7} = 1 \div 7 = 0.14285714\cdots \qquad \longleftarrow \text{무한소수}$$

> 정수가 아닌 유리수는
> 유한소수 또는 무한소수로
> 나타낼 수 있다.

○ 다음 분수를 소수로 나타내고, 유한소수이면 '유', 무한소수이면 '무'를 써넣으시오.

1-1 $\boxed{\dfrac{10}{4} = 10 \div \square = \boxed{}}$ ( )

1-2 $\dfrac{3}{8} = $ _____ ( )

2-1 $\dfrac{1}{5} = $ _____ ( )

2-2 $\dfrac{2}{3} = $ _____ ( )

3-1 $\dfrac{5}{8} = $ _____ ( )

3-2 $\dfrac{2}{9} = $ _____ ( )

4-1 $\dfrac{7}{6} = $ _____ ( )

4-2 $\dfrac{12}{15} = $ _____ ( )

5-1 $\dfrac{5}{4} = $ _____ ( )

5-2 $\dfrac{3}{11} = $ _____ ( )

핵심 체크

분수 $\xrightarrow{\text{(분자)÷(분모)}}$ ┌ 정수
　　　　　　　　　　　　　└ 소수 ┌ 유한소수
　　　　　　　　　　　　　　　　　└ 무한소수

---

04 순환소수

순환소수 : 무한소수 중에서 2.415415⋯, 0.232323⋯과 같이 소수점 아래의 어떤 자리에서부터 일정한 숫자의 배열이 한없이 되풀이되는 소수

2.415/415/415/⋯

◎ 다음 소수가 순환소수이면 ○표, 순환소수가 아니면 ×표를 하시오.

1-1
```
0.444⋯
```
➡ 소수점 아래 첫째 자리에서부터 ☐의 배열이 한없이 되풀이 되고 있다.

( )

1-2 0.212121⋯ ( )

2-1 1.2417⋯ ( )

2-2 3.151515⋯ ( )

3-1 1.020304⋯ ( )

3-2 0.0535353⋯ ( )

4-1 5.101101101⋯ ( )

4-2 1.161616⋯ ( )

5-1 0.080080008⋯ ( )

5-2 0.345345⋯ ( )

6-1 4.6121212⋯ ( )

6-2 2.4367⋯ ( )

핵심 체크

무한소수 ┬ 순환소수 **예** 0.222⋯, 1.254254⋯, 1.212121⋯
　　　　 └ 순환하지 않는 무한소수 **예** 0.101100110001⋯, 0.1121231234⋯, π

05 순환소수의 표현

❶ 순환마디 : 순환소수에서 소수점 아래의 숫자의 배열이 되풀이되는 한 부분
❷ 순환소수의 표현 : 순환마디의 첫 숫자와 끝 숫자 위에 점을 찍어 나타낸다.
❸ 예 $0.333\cdots$의 순환마디는 3 ➡ $0.\dot{3}$

$0.\underline{127}127127\cdots$의 순환마디는 127 ➡ $0.\dot{1}2\dot{7}$ 〔 $0.\dot{1}\dot{2}\dot{7}$ (✕) 〕

$3.1\underline{25}2525\cdots$의 순환마디는 25 ➡ $3.1\dot{2}\dot{5}$ 〔 순환마디를 52로 착각하지 않도록! 〕

○ 다음 순환소수의 순환마디를 구하고, 순환마디에 점을 찍어 간단히 나타내시오.

1-1 $0.444\cdots$

순환마디 : _____

순환소수의 표현 : _____

1-2 $1.888\cdots$

순환마디 : _____

순환소수의 표현 : _____

2-1 $0.2333\cdots$

순환마디 : _____

순환소수의 표현 : _____

2-2 $1.4222\cdots$

순환마디 : _____

순환소수의 표현 : _____

3-1 $0.121212\cdots$

순환마디 : _____

순환소수의 표현 : _____

3-2 $3.454545\cdots$

순환마디 : _____

순환소수의 표현 : _____

4-1 $0.0959595\cdots$

순환마디 : _____

순환소수의 표현 : _____

4-2 $1.0363636\cdots$

순환마디 : _____

순환소수의 표현 : _____

핵심 체크

- 순환마디의 숫자가 1개 또는 2개일 때 ➡ 순환마디의 숫자 위에 모두 점을 찍는다.
- 순환마디의 숫자가 3개 이상일 때 ➡ 순환마디의 숫자 중 양 끝의 숫자 위에만 점을 찍는다.

○ 다음 순환소수의 순환마디를 구하고, 순환마디에 점을 찍어 간단히 나타내시오.

5-1 0.58333⋯

순환마디 : _____

순환소수의 표현 : _____

5-2 1.212121⋯

순환마디 : _____

순환소수의 표현 : _____

6-1 0.123123⋯

순환마디 : _____

순환소수의 표현 : _____

6-2 1.010101⋯

순환마디 : _____

순환소수의 표현 : _____

7-1 3.1026026026⋯

순환마디 : _____

순환소수의 표현 : _____

7-2 2.1342342342⋯

순환마디 : _____

순환소수의 표현 : _____

8-1 5.198198198⋯

순환마디 : _____

순환소수의 표현 : _____

8-2 0.14222⋯

순환마디 : _____

순환소수의 표현 : _____

9-1 4.0121212⋯

순환마디 : _____

순환소수의 표현 : _____

9-2 0.010010010⋯

순환마디 : _____

순환소수의 표현 : _____

핵심 체크

- 순환마디는 소수점 아래에서 찾는다. 📵 5.235235235⋯ ➡ $5.2\dot{3}$ (×) / $5.\dot{2}3\dot{5}$ (○)
- 순환마디는 처음 반복되는 부분에 점을 찍는다. 📵 0.212121⋯ ➡ $0.2\dot{1}\dot{2}$ (×) / $0.\dot{2}\dot{1}$ (○)
- 순환마디는 양 끝의 숫자 위에 점을 찍는다. 📵 1.345345345⋯ ➡ $1.3\dot{4}\dot{5}$ (×) / $1.\dot{3}4\dot{5}$ (○)

05 순환소수의 표현

○ **다음을 구하시오.**

10-1 순환소수 $0.\dot{5}\dot{2}$의 소수점 아래 20번째 자리의 숫자

➡ 순환마디의 숫자의 개수는 5, 2의 2개이므로 $20 = 2 \times 10$
　　↑　　　　　↑ → 반복 횟수
　순환마디의 숫자의 개수

➡ 소수점 아래 20번째 자리의 숫자는 순환마디가 ☐번 반복되고 순환마디의 2번째 숫자인 ☐이다.

┌─ **확인** ─────────────────┐
│ $0.5252525252525252525\underline{2}\cdots$ │
└──────────────────────────┘
　　　　　　　　　　　↑
　　　　소수점 아래 20번째 자리의 숫자

10-2 순환소수 $0.\dot{3}\dot{6}$의 소수점 아래 50번째 자리의 숫자

_____

11-1 순환소수 $0.\dot{4}0\dot{5}$의 소수점 아래 17번째 자리의 숫자

➡ 순환마디의 숫자의 개수는 4, 0, 5의 3개이므로 $17 = 3 \times 5 + 2$
　　　　　　　↑　　　↑ → 반복 횟수
　　　순환마디의 숫자의 개수

➡ 소수점 아래 17번째 자리의 숫자는 순환마디가 ☐번 반복되고 순환마디의 2번째 숫자인 ☐이다.

┌─ **확인** ─────────────────┐
│ $0.40540540540540\underline{5}405\cdots$ │
└──────────────────────────┘
　　　　　　　　　　↑
　　　소수점 아래 17번째 자리의 숫자

11-2 순환소수 $0.\dot{3}6\dot{9}$의 소수점 아래 34번째 자리의 숫자

_____

12-1 순환소수 $0.\dot{1}2\dot{3}$의 소수점 아래 30번째 자리의 숫자

_____

12-2 순환소수 $0.4\dot{9}$의 소수점 아래 25번째 자리의 숫자

_____

┌─ **핵심 체크** ───┐
│ 소수점 아래 n번째 자리의 숫자를 구하는 방법 │
│ ① 순환마디의 숫자의 개수를 파악한다. │
│ ➡ ② $n \div$ (순환마디의 숫자의 개수)의 나머지가 r일 때, 순환마디에서 r번째 숫자를 찾는다. │
└──┘

06 분수를 순환소수로 나타내기

정답과 해설 | **3**쪽

분수 $\dfrac{4}{11}$ 를 소수로 나타내기 위하여 $4 \div 11$을 하면 소수점 아래 각 자리에서 나머지는

차례대로 7, 4가 되풀이되어 순환마디가 생긴다.

즉 $\dfrac{4}{11} = 0.363636\cdots = 0.\dot{3}\dot{6}$ 과 같이 순환소수가 된다.

↓
순환마디

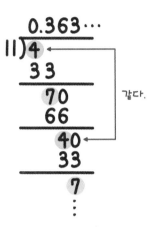

○ 다음 분수를 소수로 나타낸 후 순환마디를 구하고, 순환마디에 점을 찍어 간단히 나타내시오.

1-1 $\dfrac{2}{15}$

소수

_____

순환마디

_____

순환소수의 표현

_____

$15\overline{)2}$

1-2 $\dfrac{11}{12}$

소수

_____

순환마디

_____

순환소수의 표현

_____

$12\overline{)11}$

2-1 $\dfrac{29}{11}$

소수

_____

순환마디

_____

순환소수의 표현

_____

$11\overline{)29}$

2-2 $\dfrac{4}{37}$

소수

_____

순환마디

_____

순환소수의 표현

_____

$37\overline{)4}$

핵심 체크

분수를 소수로 나타내기 위하여 (분자)÷(분모)를 할 때, 나머지가 같은 수가 나타나게 되면 그때부터는 같은 몫이 되풀이되므로 일정한 숫자의 배열이 한없이 반복되는 순환마디가 생기게 된다.

기본연산 집중연습 | 01~06

○ 다음 소수가 유한소수이면 '유', 무한소수이면 '무'를 써넣으시오.

1-1 0.5 　　　　　　　　(　) 　**1-2** 1.7333⋯ 　　　　　　(　)

1-3 0.0676767⋯ 　　　　(　) 　**1-4** 3.141592 　　　　　(　)

○ 다음 분수를 소수로 나타내었을 때, 유한소수이면 '유', 무한소수이면 '무'를 써넣으시오.

2-1 $\dfrac{1}{4}$ 　　　　　　　(　) 　**2-2** $\dfrac{1}{3}$ 　　　　　　　(　)

2-3 $\dfrac{2}{7}$ 　　　　　　　(　) 　**2-4** $\dfrac{3}{5}$ 　　　　　　　(　)

○ 다음 분수를 소수로 나타낸 후 순환마디에 점을 찍어 간단히 나타내시오.

3-1 $\dfrac{5}{9}$ 　　　　　　　　　**3-2** $\dfrac{1}{12}$

3-3 $\dfrac{2}{37}$ 　　　　　　　　　**3-4** $\dfrac{1}{6}$

┌─ 핵심 체크 ───
│ ❶ 유한소수 ➡ 소수점 아래에 0이 아닌 숫자가 유한개인 소수
│ ❷ 무한소수 ➡ 소수점 아래에 0이 아닌 숫자가 무한히 계속되는 소수
└───

4. 순환소수의 표현이 옳으면 ➡ 방향으로, 옳지 않으면 ⬇ 방향으로 갈 때, 도착하는 곳에 있는 간식을 말하시오.

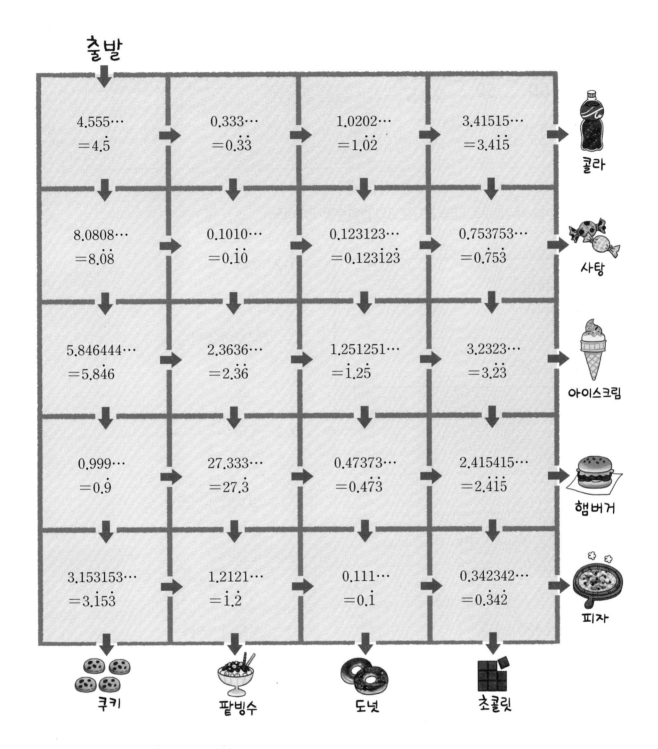

07 유한소수를 기약분수로 나타내기

정답과 해설 | 3쪽

❶ 모든 유한소수는 분모가 10의 거듭제곱인 분수로 나타낼 수 있다.

❷ 유한소수를 기약분수로 나타내면 분모의 소인수는 2나 5뿐이다.

$$0.2 = \frac{2}{10} = \frac{1}{5}$$

$$0.66 = \frac{66}{100} = \frac{33}{50} = \frac{33}{2 \times 5^2} \rightarrow \text{분모의 소인수는 2나 5뿐이다.}$$

분모를 소인수분해하기

분모가 10의 거듭제곱인 분수로 나타낼 수 있다.

> **용어**
> • 거듭제곱 : 같은 수를 여러 번 곱한 것을 간단히 나타내는 것
> • 기약분수 : 분모와 분자가 더 이상 약분이 되지 않는 분수
> • 소수 : 1보다 큰 자연수 중에서 1과 자기 자신만을 약수로 가지는 수
> • 소인수 : 소수인 인수

○ 다음 유한소수를 기약분수로 나타내고, 분모의 소인수를 구하시오.

1-1

$$0.7 = \frac{7}{10} = \frac{7}{2 \times \boxed{}}$$

기약분수 : _____

분모의 소인수 : _____

1-2 0.31

기약분수 : _____

분모의 소인수 : _____

2-1 0.6

기약분수 : _____

분모의 소인수 : _____

2-2 0.16

기약분수 : _____

분모의 소인수 : _____

3-1 0.03

기약분수 : _____

분모의 소인수 : _____

3-2 0.25

기약분수 : _____

분모의 소인수 : _____

4-1 0.125

기약분수 : _____

분모의 소인수 : _____

4-2 0.495

기약분수 : _____

분모의 소인수 : _____

> **핵심 체크**
>
> 유한소수를 기약분수로 나타내면 분모의 소인수는 2나 5뿐이다.

08 10의 거듭제곱을 이용하여 분수를 소수로 나타내기

분모의 소인수가 2나 5뿐인 기약분수는 10의 거듭제곱을 이용하여 유한소수로 나타낼 수 있다.

$$\frac{3}{20} = \frac{3}{2^2 \times 5} = \frac{3 \times 5}{2^2 \times 5 \times 5} = \frac{15}{2^2 \times 5^2} = \frac{15}{100} = 0.15$$

└→ 5를 곱하여 지수가 2로 같아지도록 한다.

$$\frac{6}{75} = \frac{2}{25} = \frac{2}{5^2} = \frac{2 \times 2^2}{5^2 \times 2^2} = \frac{8}{100} = 0.08$$

↑ 기약분수로 나타내기

└→ 2^2을 곱하여 지수가 2로 같아지도록 한다.

◎ 다음은 10의 거듭제곱을 이용하여 분수를 유한소수로 나타내는 과정이다. ☐ 안에 알맞은 수를 써넣으시오.

1-1 $\dfrac{3}{2} = \dfrac{3 \times \boxed{}}{2 \times 5} = \dfrac{\boxed{}}{10} = \boxed{}$

1-2 $\dfrac{7}{2^2 \times 5} = \dfrac{7 \times \boxed{}}{2^2 \times 5 \times \boxed{}} = \dfrac{\boxed{}}{100} = \boxed{}$

2-1 $\dfrac{7}{2 \times 5^2} = \dfrac{7 \times \boxed{}}{2 \times 5^2 \times \boxed{}} = \dfrac{14}{\boxed{}} = \boxed{}$

2-2 $\dfrac{3}{2^3 \times 5} = \dfrac{3 \times \boxed{}}{2^3 \times 5 \times \boxed{}} = \dfrac{\boxed{}}{1000} = \boxed{}$

3-1 $\dfrac{7}{25} = \dfrac{7 \times \boxed{}}{5^2 \times \boxed{}} = \dfrac{\boxed{}}{100} = \boxed{}$

3-2 $\dfrac{11}{20} = \dfrac{11 \times \boxed{}}{2^2 \times 5 \times \boxed{}} = \dfrac{\boxed{}}{100} = \boxed{}$

4-1 $\dfrac{9}{12} = \dfrac{\boxed{}}{4} = \dfrac{3 \times \boxed{}}{2^2 \times \boxed{}} = \dfrac{\boxed{}}{100} = \boxed{}$

4-2 $\dfrac{27}{150} = \dfrac{9}{\boxed{}} = \dfrac{9 \times \boxed{}}{2 \times 5^2 \times \boxed{}} = \dfrac{\boxed{}}{100} = \boxed{}$

핵심 체크

분수를 유한소수로 나타낼 때에는 분모의 소인수인 2와 5 중 지수가 작은 수를 분모, 분자에 적당히 곱해서 2와 5의 지수가 같아지도록 만든다.

08 10의 거듭제곱을 이용하여 분수를 소수로 나타내기

○ 다음 분수를 10의 거듭제곱을 이용하여 유한소수로 나타내시오.

5-1 $\dfrac{5}{4}$ _____

5-2 $\dfrac{6}{25}$ _____

6-1 $\dfrac{12}{15}$ _____

6-2 $\dfrac{13}{40}$ _____

7-1 $\dfrac{9}{20}$ _____

7-2 $\dfrac{11}{50}$ _____

8-1 $\dfrac{11}{110}$ _____

8-2 $\dfrac{14}{35}$ _____

9-1 $\dfrac{3}{24}$ _____

9-2 $\dfrac{12}{75}$ _____

10-1 $\dfrac{15}{75}$ _____

10-2 $\dfrac{21}{120}$ _____

핵심 체크

분수를 유한소수로 나타내는 방법

① 분수를 기약분수로 나타낸 후 분모를 소인수분해한다.

➡ ② 분모의 소인수인 2와 5의 지수를 같게 만들어 분모를 10의 거듭제곱으로 고친다.

09 유한소수로 나타낼 수 있는 분수

분수를 기약분수로 나타낸 후 분모를 소인수분해하였을 때
① 분모의 소인수가 2나 5뿐이면 유한소수로 나타낼 수 있다.
② 분모의 소인수 중에 2나 5 이외의 소인수가 있으면 유한소수로 나타낼 수 없다.
  →→ 무한소수
예 $\dfrac{21}{28}=\dfrac{3}{4}=\dfrac{3}{2^2}$ ➡ 분모의 소인수가 2뿐이므로 유한소수로 나타낼 수 있다.

$\dfrac{4}{30}=\dfrac{2}{15}=\dfrac{2}{3\times5}$ ➡ 분모의 소인수 중에 3이 있으므로 유한소수로 나타낼 수 없다. 즉 무한소수로 나타내어진다.

○ 다음 □ 안에 알맞은 수를 써넣고, 옳은 것에 ○표를 하시오.

1-1 $\dfrac{1}{20}=\dfrac{1}{2^2\times5}$

➡ 분모의 소인수는 □와 □이다.

➡ 유한소수로 나타낼 수 (있다, 없다).

1-2 $\dfrac{1}{27}=\dfrac{1}{3^3}$

➡ 분모의 소인수는 □이다.

➡ 유한소수로 나타낼 수 (있다, 없다).

2-1 $\dfrac{1}{40}=\dfrac{1}{2^3\times5}$

➡ 분모의 소인수는 □와 □이다.

➡ 유한소수로 나타낼 수 (있다, 없다).

2-2 $\dfrac{5}{12}=\dfrac{5}{2^2\times3}$

➡ 분모의 소인수는 □와 □이다.

➡ 유한소수로 나타낼 수 (있다, 없다).

3-1 $\dfrac{4}{100}=\dfrac{1}{25}=\dfrac{1}{□}$

➡ 분모의 소인수는 □이다.

➡ 유한소수로 나타낼 수 (있다, 없다).

3-2 $\dfrac{15}{90}=\dfrac{1}{6}=\dfrac{1}{2\times□}$

➡ 분모의 소인수는 □와 □이다.

➡ 유한소수로 나타낼 수 (있다, 없다).

4-1 $\dfrac{3}{90}=\dfrac{1}{30}=\dfrac{1}{2\times3\times□}$

➡ 분모의 소인수는 □, □, □이다.

➡ 유한소수로 나타낼 수 (있다, 없다).

4-2 $\dfrac{21}{70}=\dfrac{3}{10}=\dfrac{1}{□\times5}$

➡ 분모의 소인수는 □와 □이다.

➡ 유한소수로 나타낼 수 (있다, 없다).

핵심 체크

| 분수를 기약분수로 나타내기 | ➡ | 분모를 소인수분해하기 | ➡ | 분모의 소인수가 2나 5뿐인지 확인하기 | Yes → 유한소수 |
| | | | | | No → 무한소수 |

○ 다음 분수를 소수로 나타낼 때, 유한소수로 나타낼 수 있는 것에는 ○표, 나타낼 수 없는 것에는 ×표를 하시오.

5-1 $\dfrac{1}{2^2 \times 5^2}$ ( )   **5-2** $\dfrac{7}{2 \times 3 \times 5^2}$ ( )

먼저 기약분수로 나타내 봐!

6-1 $\dfrac{9}{2 \times 3 \times 5}$ ( )   **6-2** $\dfrac{26}{2 \times 5 \times 13}$ ( )

7-1 $\dfrac{3}{3^2 \times 5}$ ( )   **7-2** $\dfrac{14}{2 \times 3 \times 7^2}$ ( )

8-1 $\dfrac{15}{3^2 \times 5^2}$ ( )   **8-2** $\dfrac{21}{2^2 \times 5 \times 7}$ ( )

9-1 $\dfrac{12}{2 \times 3 \times 5^2}$ ( )   **9-2** $\dfrac{35}{2^2 \times 3 \times 7}$ ( )

10-1 $\dfrac{28}{2^2 \times 5 \times 7}$ ( )   **10-2** $\dfrac{18}{2^3 \times 3^2}$ ( )

> **핵심 체크**
>
> 분수를 기약분수로 나타낸 후 분모의 소인수가 2나 5뿐이면 유한소수로 나타낼 수 있다.

○ 다음 분수를 소수로 나타낼 때, 유한소수로 나타낼 수 있는 것에는 ○표, 나타낼 수 없는 것에는 ×표를 하시오.

11-1 $\dfrac{13}{20}$　　　　　　　　　　(　)　**11-2** $\dfrac{6}{30}$　　　　　　　　　　(　)

12-1 $\dfrac{12}{40}$　　　　　　　　　　(　)　**12-2** $\dfrac{49}{210}$　　　　　　　　　　(　)

13-1 $\dfrac{21}{35}$　　　　　　　　　　(　)　**13-2** $\dfrac{17}{33}$　　　　　　　　　　(　)

14-1 $\dfrac{6}{45}$　　　　　　　　　　(　)　**14-2** $\dfrac{3}{42}$　　　　　　　　　　(　)

15-1 $\dfrac{18}{150}$　　　　　　　　　　(　)　**15-2** $\dfrac{10}{28}$　　　　　　　　　　(　)

16-1 $\dfrac{9}{75}$　　　　　　　　　　(　)　**16-2** $\dfrac{15}{120}$　　　　　　　　　　(　)

핵심 체크

$\dfrac{9}{12}$를 기약분수로 나타내지 않고 분모를 소인수분해하면 $\dfrac{9}{12} = \dfrac{9}{2^2 \times 3}$가 되어 무한소수라는 잘못된 판단을 내릴 수 있으므로 주의한다.

기본연산 집중연습 | 07~09

○ 다음은 10의 거듭제곱을 이용하여 분수를 유한소수로 나타내는 과정이다. □ 안에 알맞은 수를 써넣으시오.

1-1 $\dfrac{3}{5}=\dfrac{3\times\boxed{}}{5\times\boxed{}}=\dfrac{\boxed{}}{10}=\boxed{}$

1-2 $\dfrac{1}{4}=\dfrac{1\times\boxed{}}{2^2\times\boxed{}}=\dfrac{\boxed{}}{100}=\boxed{}$

1-3 $\dfrac{4}{25}=\dfrac{4\times\boxed{}}{5^2\times\boxed{}}=\dfrac{\boxed{}}{100}=\boxed{}$

1-4 $\dfrac{13}{50}=\dfrac{13\times\boxed{}}{2\times5^2\times\boxed{}}=\dfrac{\boxed{}}{100}=\boxed{}$

1-5 $\dfrac{7}{40}=\dfrac{7\times\boxed{}}{2^3\times5\times\boxed{}}=\dfrac{175}{\boxed{}}=\boxed{}$

1-6 $\dfrac{3}{200}=\dfrac{3\times\boxed{}}{2^3\times5^2\times\boxed{}}=\dfrac{\boxed{}}{\boxed{}}=\boxed{}$

○ 다음 분수를 소수로 나타낼 때, 유한소수로 나타낼 수 있는 것에는 ○표, 나타낼 수 없는 것에는 ×표를 하시오.

2-1 $\dfrac{9}{20}$ 　　　　(　)

2-2 $\dfrac{22}{2^2\times5\times11}$ 　　　(　)

2-3 $\dfrac{12}{2^2\times3^2\times5}$ 　　(　)

2-4 $\dfrac{6}{63}$ 　　　　(　)

2-5 $\dfrac{15}{48}$ 　　　　(　)

2-6 $\dfrac{3\times11}{2^3\times3\times5}$ 　　(　)

2-7 $\dfrac{49}{2\times5^2\times7}$ 　　(　)

2-8 $\dfrac{11}{220}$ 　　　(　)

핵심 체크

❶ 분수를 유한소수로 나타낼 때에는 분모의 소인수인 2와 5의 지수를 같게 만들어 분모를 10의 거듭제곱으로 고친다.

3. 다음 그림은 어떤 동굴의 내부에 있는 미로의 일부분이다. 이 미로를 이동하는 규칙은 다음과 같다.

> **규칙**
> ① 유한소수로 나타낼 수 있는 분수의 방으로 들어가면 옆방이나 아랫방으로 갈 수 있다.
> ② 유한소수로 나타낼 수 없는 분수의 방으로 들어가면 문이 닫혀 갇히게 된다.

위의 규칙으로 미로를 이동할 때, 어느 출구로 나가게 되는지 말하시오.

핵심 체크

❷ 분수를 기약분수로 나타낸 후 분모를 소인수분해하였을 때, 분모의 소인수가 2나 5뿐이면 유한소수로 나타낼 수 있다.

10 순환소수를 분수로 나타내기 (1) : 원리 ①

① $x=$(순환소수)로 놓는다.

② ①의 양변에 순환마디의 숫자의 개수만큼 10의 거듭제곱을 곱한다.

③ 위의 두 식을 변끼리 빼서 소수 부분을 없앤 후 x의 값을 구한다.

예 $0.1\dot{8}$을 분수로 나타내시오.

① $x=0.1818\cdots$
   └ 순환마디의 숫자가 2개 ➡ 100을 곱한다.

② $100x=18.1818\cdots$

③
$$
\begin{array}{r}
100x=18.1818\cdots \\
-)\quad x=\ 0.1818\cdots \\
\hline
99x=18
\end{array}
$$
   └ $100x-x$

소수 부분이 같으므로 소수 부분을 없앨 수 있다.

$\therefore x=\dfrac{18}{99}=\dfrac{2}{11}$ ◁ 기약분수가 되도록 약분!

○ 다음은 순환소수를 분수로 나타내는 과정이다. □ 안에 알맞은 수를 써넣으시오.

1-1 $0.\dot{6}$

$0.\dot{6}$을 x라 하면 $x=0.666\cdots$

$\boxed{}x=6.666\cdots$ 이므로

$10x=6.666\cdots$

$$
\begin{array}{r}
10x=6.666\cdots \\
-)\quad x=0.666\cdots \\
\hline
9x=\boxed{}
\end{array}
$$

$\therefore x=\dfrac{\boxed{}}{9}=\boxed{}$

1-2 $1.\dot{2}$

$1.\dot{2}$를 x라 하면 $x=1.222\cdots$

$10x=\boxed{}$ 이므로

$10x=12.222\cdots$

$$
\begin{array}{r}
10x=12.222\cdots \\
-)\quad x=\ 1.222\cdots \\
\hline
9x=\boxed{}
\end{array}
$$

$\therefore x=\boxed{}$

2-1 $0.\dot{1}\dot{5}$

$0.\dot{1}\dot{5}$를 x라 하면 $x=0.1515\cdots$

$\boxed{}x=15.1515\cdots$ 이므로

$100x=15.1515\cdots$

$$
\begin{array}{r}
100x=15.1515\cdots \\
-)\quad x=\ 0.1515\cdots \\
\hline
99x=\boxed{}
\end{array}
$$

$\therefore x=\dfrac{\boxed{}}{99}=\boxed{}$

2-2 $1.\dot{2}\dot{4}$

$1.\dot{2}\dot{4}$를 x라 하면 $x=1.2424\cdots$

$100x=\boxed{}$ 이므로

$100x=124.2424\cdots$

$$
\begin{array}{r}
100x=124.2424\cdots \\
-)\quad x=\ 1.2424\cdots \\
\hline
99x=\boxed{}
\end{array}
$$

$\therefore x=\dfrac{\boxed{}}{99}=\boxed{}$

핵심 체크

10의 거듭제곱을 곱하여 소수 부분이 같은 두 식을 만든다.

○ 다음 순환소수를 분수로 나타내시오.

3-1 $0.\dot{8}$ _____

3-2 $1.\dot{3}$ _____

4-1 $0.\dot{3}\dot{2}$ _____

4-2 $0.\dot{5}\dot{4}$ _____

5-1 $1.5\dot{7}$ _____

5-2 $2.\dot{3}\dot{1}$ _____

6-1 $0.\dot{3}6\dot{5}$ _____

6-2 $2.1\dot{2}\dot{5}$ _____

> **핵심 체크**
>
> 첫 순환마디의 앞뒤로 소수점이 오도록 10의 거듭제곱을 곱한다.

11 순환소수를 분수로 나타내기 (2) : 원리 ②

소수점 아래 바로 순환마디가 오지 않는 경우

❶ $x=$(순환소수)로 놓는다.

❷ ❶의 양변에 소수점 아래에서 순환하지 않는 숫자의 개수만큼 10의 거듭제곱을 곱한다.

❸ ❷의 양변에 순환마디의 숫자의 개수만큼 10의 거듭제곱을 곱한다.

❹ 위의 두 식 ❷, ❸을 변끼리 빼서 소수 부분을 없앤 후 x의 값을 구한다.

예 $0.5\dot{2}\dot{3}$을 분수로 나타내시오.

❶ $x=0.52323\cdots$

　　└─ 소수점 아래에서 순환하지 않는 숫자가 1개 ➡ 10을 곱한다.

❷ $10x=5.2323\cdots$

　　└─ 순환마디의 숫자가 2개 ➡ 100을 곱한다.

❸ $1000x=523.2323\cdots$

❹
$$1000x=523.2323\cdots$$
$$-)\quad 10x=\quad\ 5.2323\cdots$$

└─ 소수 부분이 같으므로 소수 부분을 없앨 수 있다.

$$990x=518$$

$$\therefore x=\frac{518}{990}=\frac{259}{495}$$

기약분수가 되도록 약분!

○ 다음은 순환소수를 분수로 나타내는 과정이다. □ 안에 알맞은 수를 써넣으시오.

1-1 $0.1\dot{6}$

$0.1\dot{6}$을 x라 하면 $x=0.1666\cdots$

$\boxed{}x=1.666\cdots$

$\boxed{}x=16.666\cdots$이므로

$100x=16.666\cdots$

$-)\ 10x=\ 1.666\cdots$

$\boxed{}x=15$

$\therefore x=\dfrac{15}{\boxed{}}=\boxed{}$

1-2 $0.3\dot{5}$

$0.3\dot{5}$를 x라 하면 $x=0.3555\cdots$

$10x=\boxed{}$

$100x=\boxed{}$이므로

$100x=35.555\cdots$

$-)\ 10x=\ 3.555\cdots$

$90x=\boxed{}$

$\therefore x=\dfrac{\boxed{}}{90}=\boxed{}$

2-1 $0.6\dot{4}\dot{5}$

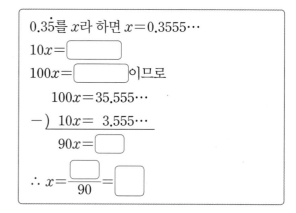

$0.6\dot{4}\dot{5}$를 x라 하면 $x=0.64545\cdots$

$10x=6.4545\cdots$

$\boxed{}x=645.4545\cdots$이므로

$\boxed{}x=645.4545\cdots$

$-)\quad 10x=\quad\ 6.4545\cdots$

$\boxed{}x=639$

$\therefore x=\dfrac{639}{\boxed{}}=\boxed{}$

2-2 $1.2\dot{4}\dot{3}$

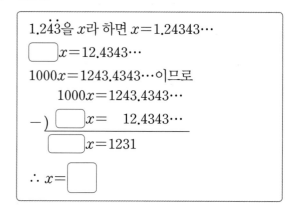

$1.2\dot{4}\dot{3}$을 x라 하면 $x=1.24343\cdots$

$\boxed{}x=12.4343\cdots$

$1000x=1243.4343\cdots$이므로

$1000x=1243.4343\cdots$

$-)\ \boxed{}x=\quad 12.4343\cdots$

$\boxed{}x=1231$

$\therefore x=\boxed{}$

핵심 체크

10의 거듭제곱을 곱하여 소수 부분이 같은 두 식을 만든다.

○ 다음 순환소수를 분수로 나타내시오.

3-1 $1.3\dot{6}$ _____

3-2 $1.2\dot{9}$ _____

4-1 $0.1\dot{2}\dot{3}$ _____

4-2 $0.4\dot{3}\dot{2}$ _____

5-1 $1.2\dot{5}\dot{4}$ _____

5-2 $2.1\dot{5}\dot{3}$ _____

6-1 $0.32\dot{4}$ _____

6-2 $0.26\dot{8}$ _____

> **핵심 체크**
>
> 첫 순환마디의 앞뒤로 소수점이 오도록 10의 거듭제곱을 곱한다.

11 순환소수를 분수로 나타내기 (2) : 원리 ②

○ 다음 순환소수를 분수로 나타내기 위해 필요한 가장 간단한 식을 보기에서 고르시오.

7-1

┌─ 보기 ─────────────────────┐
  ㉠ $100x - x$ ㉡ $10x - x$
  ㉢ $1000x - x$ ㉣ $100x - 10x$
  ㉤ $1000x - 10x$ ㉥ $1000x - 100x$
└──────────────────────────┘

(1) $x = 0.\dot{5}$ _____

(2) $x = 0.2\dot{6}$ _____

(3) $x = 1.\dot{2}\dot{8}$ _____

(4) $x = 0.\dot{1}2\dot{5}$ _____

(5) $x = 0.01\dot{4}$ _____

(6) $x = 0.1\dot{2}\dot{4}$ _____

7-2

┌─ 보기 ─────────────────────┐
  ㉠ $100x - x$ ㉡ $100x - 10x$
  ㉢ $1000x - x$ ㉣ $1000x - 10x$
  ㉤ $10x - x$ ㉥ $1000x - 100x$
└──────────────────────────┘

(1) $x = 1.0\dot{5}$ _____

(2) $x = 3.\dot{4}$ _____

(3) $x = 0.02\dot{5}$ _____

(4) $x = 2.\dot{4}\dot{1}$ _____

(5) $x = 1.\dot{0}1\dot{3}$ _____

(6) $x = 0.4\dot{3}\dot{2}$ _____

┌─ **핵심 체크** ──┐
  $x = 0.0\dot{1}\dot{2}$에서 $1000x - 10x$의 계산 대신 $100000x - 1000x$, $10000000x - 100000x$, …를 계산해도 같은 답이 나온다.
  하지만 가장 간단한 식은 $1000x - 10x$이다.
└──┘

12 순환소수를 분수로 나타내기 (3) : 공식 ①

소수점 아래 바로 순환마디가 오는 경우

분모 : 순환마디의 숫자의 개수만큼 9를 쓴다.

분자 : (전체의 수)−(정수 부분)

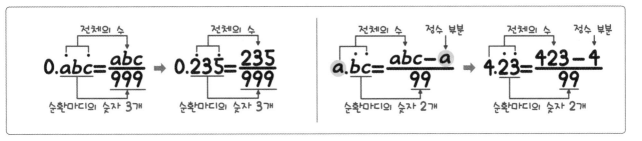

○ 다음은 순환소수를 분수로 나타내는 과정이다. ☐ 안에 알맞은 수를 써넣으시오.

1-1 전체의 수

$$0.\dot{5} = \frac{5}{\boxed{}}$$

순환마디의 숫자 ☐개

1-2 전체의 수

$$0.\dot{4}\dot{2} = \frac{\boxed{}}{\boxed{}} = \boxed{}$$

순환마디의 숫자 ☐개

2-1 전체의 수

$$0.\dot{6}2\dot{1} = \frac{\boxed{}}{\boxed{}} = \boxed{}$$

순환마디의 숫자 ☐개

2-2 전체의 수

$$0.\dot{1}2\dot{3} = \frac{\boxed{}}{\boxed{}} = \boxed{}$$

순환마디의 숫자 ☐개

3-1 전체의 수   정수 부분

$$2.\dot{5} = \frac{25 - \boxed{}}{\boxed{}} = \boxed{}$$

순환마디의 숫자 ☐개

3-2 전체의 수   정수 부분

$$2.\dot{1}\dot{3} = \frac{213 - \boxed{}}{\boxed{}} = \boxed{}$$

순환마디의 숫자 ☐개

핵심 체크

$3.\dot{1}2\dot{3}$ ➡ 분자 : (전체의 수)−(정수 부분)=3123−3   ➡ $\dfrac{3123-3}{999}$
분모 : 순환마디의 숫자 3개 ▷ 999

12 순환소수를 분수로 나타내기 (3) : 공식 ①

○ 다음 순환소수를 분수로 나타내시오.

4-1 $0.\dot{3}$ _____

4-2 $0.\dot{0}\dot{1}$ _____

5-1 $0.\dot{5}\dot{6}$ _____

5-2 $0.\dot{1}2\dot{9}$ _____

6-1 $8.\dot{5}$ _____

6-2 $1.\dot{6}$ _____

7-1 $3.\dot{7}$ _____

7-2 $3.\dot{4}\dot{9}$ _____

8-1 $1.\dot{4}\dot{2}$ _____

8-2 $5.\dot{4}3\dot{2}$ _____

핵심 체크

- $0.\dot{a}b\dot{c} = \dfrac{abc}{999}$

- $a.\dot{b}\dot{c} = \dfrac{abc - a}{99}$

13 순환소수를 분수로 나타내기 (4) : 공식 ②

소수점 아래 바로 순환마디가 오지 않는 경우

분모 : 순환마디의 숫자의 개수만큼 9를 쓰고, 그 뒤에 소수점 아래에서 순환하지 않는 숫자의 개수만큼 0을 쓴다.

분자 : (전체의 수)−(순환하지 않는 수)

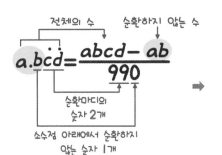

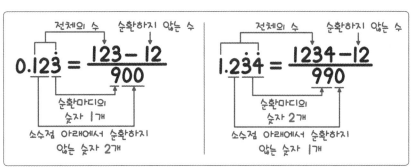

○ 다음은 순환소수를 분수로 나타내는 과정이다. □ 안에 알맞은 수를 써넣으시오.

1-1 $0.2\dot{3} = \dfrac{23 - \square}{\square} = \square$

순환마디의 숫자 □개,
소수점 아래에서 순환하지 않는 숫자 □개

1-2 $2.1\dot{6} = \dfrac{216 - \square}{\square} = \square$

순환마디의 숫자 □개,
소수점 아래에서 순환하지 않는 숫자 □개

2-1 $0.2\dot{6}\dot{4} = \dfrac{264 - \square}{\square} = \square$

순환마디의 숫자 □개,
소수점 아래에서 순환하지 않는 숫자 □개

2-2 $0.1\dot{0}\dot{7} = \dfrac{107 - \square}{\square} = \square$

순환마디의 숫자 □개,
소수점 아래에서 순환하지 않는 숫자 □개

3-1 $0.4\dot{3}\dot{2} = \dfrac{\square - \square}{\square} = \square$

순환마디의 숫자 □개,
소수점 아래에서 순환하지 않는 숫자 □개

3-2 $1.2\dot{3}\dot{6} = \dfrac{1236 - \square}{\square} = \square$

순환마디의 숫자 □개,
소수점 아래에서 순환하지 않는 숫자 □개

핵심 체크

$2.3\dot{5}$ ➡ | 분자 : (전체의 수)−(순환하지 않는 수)$=235-23$
분모 : 순환마디의 숫자 1개, 소수점 아래에서 순환하지 않는 숫자 1개 ⇨ 90 | ➡ $\dfrac{235-23}{90}$

13 순환소수를 분수로 나타내기 ⑷ : 공식 ②

○ 다음 순환소수를 분수로 나타내시오.

4-1 $0.0\dot{7}$ _____

4-2 $0.2\dot{5}$ _____

5-1 $1.3\dot{7}$ _____

5-2 $3.2\dot{6}$ _____

6-1 $0.82\dot{4}$ _____

6-2 $0.12\dot{9}$ _____

7-1 $0.7\dot{3}\dot{1}$ _____

7-2 $0.4\dot{7}\dot{2}$ _____

8-1 $3.7\dot{6}\dot{3}$ _____

8-2 $2.5\dot{8}\dot{3}$ _____

핵심 체크

$\cdot\ a.b\dot{c}\dot{d} = \dfrac{abcd - abc}{900}$ $\cdot\ a.b\dot{c}\dot{d} = \dfrac{abcd - ab}{990}$

14 순환소수를 분수로 나타내기 (5) : 종합

정답과 해설 | **8**쪽

$x = 0.232323\cdots$ → ① 무한소수이다.

② 순환마디는 23이다.

③ $0.\dot{2}\dot{3}$으로 나타낼 수 있다.

④ 분수로 나타낼 때 가장 편리한 식은 $100x - x$이다.

⑤ 분수로 나타내면 $\dfrac{23}{99}$이다.

○ 다음 주어진 소수에 대한 설명으로 옳은 것에는 ○표, 옳지 않은 것에는 ×표를 하시오.

1-1 $x = 1.3222\cdots$

(1) 순환마디는 32이다. ( )

(2) 분수로 나타낼 때 가장 편리한 식은 $100x - 10x$이다. ( )

(3) $1.3\dot{2}$로 나타낼 수 있다. ( )

(4) 분수로 나타내면 $\dfrac{132 - 2}{99}$이다. ( )

(5) 유한소수이다. ( )

1-2 $x = 2.14333\cdots$

(1) $2.14\dot{3}$으로 나타낼 수 있다. ( )

(2) 분수로 나타낼 때 가장 편리한 식은 $100x - 10x$이다. ( )

(3) 분수로 나타내면 $\dfrac{2143 - 214}{900}$이다. ( )

(4) 순환마디는 143이다. ( )

(5) 무한소수이다. ( )

2-1 $x = 0.26363\cdots$

(1) $0.2\dot{6}\dot{3}$으로 나타낼 수 있다. ( )

(2) 분수로 나타낼 때 가장 편리한 식은 $100x - 10x$이다. ( )

(3) 분수로 나타내면 $\dfrac{27}{110}$이다. ( )

(4) 순환마디는 63이다. ( )

(5) 무한소수이다. ( )

2-2 $x = 0.3434\cdots$

(1) 유한소수이다. ( )

(2) 순환마디는 34이다. ( )

(3) 분수로 나타낼 때 가장 편리한 식은 $100x - x$이다. ( )

(4) 분수로 나타내면 $\dfrac{17}{45}$이다. ( )

(5) $0.\dot{3}\dot{4}$로 나타낼 수 있다. ( )

핵심 체크

순환소수는 무한소수이다.

1. 유리수와 순환소수 | **33**

기본연산 집중연습 | 10~14

○ 다음은 순환소수를 분수로 나타내는 과정이다. □ 안에 알맞은 수를 써넣으시오.

1-1 $x=0.\dot{1}\dot{6}$

$$\boxed{}x=16.1616\cdots$$
$$-)x=0.1616\cdots$$
$$\boxed{}x=16$$

$$\therefore x=\boxed{}$$

1-2 $x=0.\dot{1}2\dot{9}$

$$\boxed{}x=129.129129\cdots$$
$$-)x=0.129129\cdots$$
$$999x=\boxed{}$$

$$\therefore x=\frac{\boxed{}}{999}=\boxed{}$$

1-3 $x=0.3\dot{6}$

$$100x=36.666\cdots$$
$$-)\boxed{}x=3.666\cdots$$
$$\boxed{}x=33$$

$$\therefore x=\frac{33}{\boxed{}}=\boxed{}$$

1-4 $x=0.1\dot{4}\dot{2}$

$$1000x=142.4242\cdots$$
$$-)\boxed{}x=1.4242\cdots$$
$$\boxed{}x=141$$

$$\therefore x=\frac{141}{\boxed{}}=\boxed{}$$

○ 다음은 순환소수를 분수로 나타내는 과정이다. □ 안에 알맞은 수를 써넣으시오.

2-1 $0.\dot{7}\dot{2}=\dfrac{\boxed{}}{99}=\boxed{}$

2-2 $2.3\dot{6}=\dfrac{236-\boxed{}}{90}=\dfrac{\boxed{}}{90}=\boxed{}$

2-3 $1.7\dot{6}\dot{3}=\dfrac{\boxed{}-17}{990}=\dfrac{\boxed{}}{990}=\boxed{}$

2-4 $4.\dot{7}=\dfrac{47-\boxed{}}{9}=\boxed{}$

2-5 $0.20\dot{5}=\dfrac{\boxed{}-20}{900}=\dfrac{\boxed{}}{900}=\boxed{}$

2-6 $1.\dot{3}4\dot{6}=\dfrac{1346-\boxed{}}{\boxed{}}=\boxed{}$

핵심 체크

❶ 10의 거듭제곱을 곱하여 소수 부분이 같은 두 식을 만든다.

❷ $a.\dot{b}\dot{c}=\dfrac{abc-a}{99}$, $a.b\dot{c}\dot{d}=\dfrac{abcd-ab}{990}$

○ 다음 중 순환소수를 분수로 나타낸 것으로 옳은 것에는 ○표, 옳지 않은 것에는 ×표를 하시오.

3-1

$$7.\dot{3} = \frac{73}{9}$$

(   )

3-2

$$0.2\dot{6} = \frac{4}{13}$$

(   )

3-3

$$2.9\dot{1} = \frac{131}{45}$$

(   )

3-4

$$1.\dot{3}\dot{6} = \frac{15}{11}$$

(   )

3-5

$$0.1\dot{8} = \frac{17}{90}$$

(   )

3-6

$$0.1\dot{2}\dot{5} = \frac{62}{495}$$

(   )

3-7

$$3.\dot{5}4\dot{5} = \frac{3542}{999}$$

(   )

3-8

$$1.3\dot{5}\dot{8} = \frac{1357}{990}$$

(   )

3-9

$$0.21\dot{5} = \frac{194}{900}$$

(   )

3-10

$$0.\dot{2}0\dot{4} = \frac{68}{333}$$

(   )

3-11

$$4.7\dot{3}\dot{6} = \frac{521}{110}$$

(   )

3-12

$$0.0\dot{5} = \frac{5}{9}$$

(   )

핵심 체크

❸ 순환소수를 분수로 나타낼 때에는 반드시 기약분수로 나타낸다.

기본연산 테스트

1 아래의 수에 대하여 다음을 모두 구하시오.

$$-3.2, \quad -1, \quad 0, \quad \frac{3}{5}, \quad \frac{6}{2}, \quad \pi$$

(1) 자연수

(2) 정수

(3) 정수가 아닌 유리수

(4) 유리수

2 다음 분수를 소수로 나타내고, 유한소수인지 무한소수인지 구별하시오.

(1) $\dfrac{1}{6}$

(2) $\dfrac{6}{15}$

(3) $\dfrac{4}{9}$

(4) $\dfrac{5}{12}$

(5) $\dfrac{4}{25}$

3 다음 순환소수의 순환마디를 구하고, 순환마디에 점을 찍어 간단히 나타내시오.

(1) $0.27333\cdots$

(2) $0.0343434\cdots$

(3) $1.808080\cdots$

(4) $3.026026026\cdots$

(5) $2.5324324\cdots$

4 순환소수 $0.\dot{7}1428\dot{5}$의 소수점 아래 2018번째 자리의 숫자를 구하시오.

5 다음 분수를 10의 거듭제곱을 이용하여 유한소수로 나타내시오.

(1) $\dfrac{7}{5}$

(2) $\dfrac{7}{25}$

(3) $\dfrac{13}{20}$

(4) $\dfrac{3}{40}$

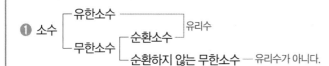

핵심 체크

❶ 소수 ┬ 유한소수 ─────────┐
    │   ├ 유리수
    └ 무한소수 ┬ 순환소수 ──┘
          └ 순환하지 않는 무한소수 ─ 유리수가 아니다.

6 다음 분수를 소수로 나타낼 때, 유한소수로 나타낼 수 있는 것에는 ○표, 유한소수로 나타낼 수 없는 것에는 ×표를 하시오.

(1) $\dfrac{6}{45}$ (　　)

(2) $\dfrac{9}{60}$ (　　)

(3) $\dfrac{10}{144}$ (　　)

(4) $\dfrac{6}{56}$ (　　)

(5) $\dfrac{27}{120}$ (　　)

7 다음은 순환소수를 분수로 나타내는 과정이다. □ 안에 알맞은 수를 써넣으시오.

(1) $x = 0.\dot{1}\dot{2}$

$$\boxed{}x = 12.1212\cdots$$
$$-)\quad x = 0.1212\cdots$$
$$\boxed{}x = 12$$
$$\therefore x = \dfrac{12}{\boxed{}} = \boxed{}$$

(2) $x = 0.1\dot{2}\dot{9}$

$$\boxed{}x = 129.2929\cdots$$
$$-)\quad 10x = 1.2929\cdots$$
$$990x = \boxed{}$$
$$\therefore x = \dfrac{\boxed{}}{990} = \boxed{}$$

8 다음 순환소수를 분수로 나타내시오.

(1) $0.\dot{6}\dot{8}$

(2) $1.\dot{7}$

(3) $9.\dot{3}\dot{9}$

(4) $0.0\dot{4}$

(5) $1.2\dot{1}$

(6) $0.15\dot{3}$

(7) $0.1\dot{0}\dot{7}$

(8) $2.15\dot{6}$

9 다음 중 $x = 0.2050505\cdots$에 대한 설명으로 옳은 것에는 ○표, 옳지 않은 것에는 ×표를 하시오.

(1) 유리수이다.   (　　)

(2) 순환마디는 5이다.   (　　)

(3) 분수로 나타내면 $\dfrac{203}{990}$이다.   (　　)

(4) 분수로 나타낼 때 가장 편리한 식은 $1000x - 10x$이다.   (　　)

(5) $0.\dot{2}0\dot{5}$로 나타낼 수 있다.   (　　)

핵심 체크

❷ 모든 순환소수는 분수로 나타낼 수 있으므로 유리수이다.

| 빅터 연산 **공부 계획표** |

2

식의 계산

태양계에는 태양과 태양을 돌고 있는 8개의 행성, 그리고 지구를 돌고 있는 달이 있다. 지구에서 태양과 달까지의 평균 거리, 지구에서 행성까지의 평균 거리는 다음 표와 같다. 이때 **지수**를 이용하면 **간단히** 나타낼 수 있다.

	평균 거리	
태양	150000000 km	1.5×10^8 km
달	384000 km	3.84×10^5 km
수성	90000000 km	9×10^7 km
금성	45000000 km	4.5×10^7 km
화성	75000000 km	7.5×10^7 km
목성	630000000 km	6.3×10^8 km
토성	1275000000 km	1.275×10^9 km
천왕성	2730000000 km	2.73×10^9 km
해왕성	4365000000 km	4.365×10^9 km

내가 지구에서 가장 멀리 떨어져 있어!

01 거듭제곱 Feedback

정답과 해설 | **10**쪽

① 거듭제곱 : 같은 수나 문자가 거듭하여 곱해진 것을 간단히 나타내는 것

   예 $3 \times 3 \times 3 \times 3 = 3^4$, $a \times a \times a = a^3$

② 밑 : 거듭제곱에서 거듭하여 곱한 수나 문자

③ 지수 : 거듭제곱에서 거듭하여 곱한 횟수로 오른쪽 위에 작게 쓴 수

○ 다음을 거듭제곱으로 나타내시오.

1-1

$$\underbrace{2 \times 2 \times 2}_{3개} = 2^{\bigcirc}$$

1-2 $7 \times 7 \times 7 \times 7$ _____

2-1 $3 \times 3 \times 3 \times 5 \times 5$ _____

2-2 $5 \times 5 \times 5 \times 7 \times 7$ _____

3-1 $x \times x \times x$ _____

3-2 $x \times x \times x \times x \times x \times x$ _____

4-1 $a \times a$ _____

4-2 $a \times a \times a \times a$ _____

5-1

$a \times a \times b \times b \times b = a^{\bigcirc} b^{\bigcirc}$

5-2 $x \times x \times x \times x \times x \times y \times y$ _____

6-1 $a \times a \times a \times b \times b \times b \times b \times b$

6-2 $x \times x \times x \times x \times x \times y \times y \times y \times y$

_____

_____

핵심 체크

$\underbrace{2 \times 2 \times 2 \times \cdots \times 2}_{n개} = 2^n$ ➡ 밑은 2, 지수는 n이다.

02 지수법칙 (1) : 지수의 합

지수끼리의 합

m, n이 자연수일 때, $a^m \times a^n = a^{m+n}$

➡ $a^3 \times a^2 = \underbrace{(a \times a \times a)}_{3개} \times \underbrace{(a \times a)}_{2개} = a^5$, 즉 $a^3 \times a^2 = a^{3+2} = a^5$

○ 다음 식을 간단히 하시오.

1-1 $\boxed{x^2 \times x^4 = x^{\square + \square} = x^{\square}}$

1-2 $a^3 \times a^5$ _____

$7 = 7^1$이므로 7의 지수는 1이야.

2-1 $3^3 \times 3^7$ _____

2-2 7×7^{10} _____

3-1 $x^8 \times x^2$ _____

3-2 $b \times b^5$ _____

4-1 $a^8 \times a^{15}$ _____

4-2 $a^3 \times a^6$ _____

5-1 $x^9 \times x^3$ _____

5-2 $x^{10} \times x^4$ _____

6-1 $b^{11} \times b^5$ _____

6-2 $y^4 \times y^8$ _____

핵심 체크

$x^2 \times x^5 = x^{2+5} = x^7 \ (\bigcirc)$, $x^2 \times x^5 = x^{2 \times 5} = x^{10} \ (\times)$

2 식의 계산

02 지수법칙 (1) : 지수의 합

○ 다음 식을 간단히 하시오.

7-1 $\boxed{x^2 \times x^3 \times x^4 = x^{\square+\square+\square} = x^{\square}}$

7-2 $2^3 \times 2 \times 2^3$　_____

8-1 $a^2 \times a^2 \times a^5$　_____

8-2 $b^4 \times b \times b^3$　_____

9-1 $x^{10} \times x^3 \times x^5$　_____

9-2 $a \times a^2 \times a^3 \times a^4$　_____

10-1 $y^3 \times y^6 \times y$　_____

10-2 $x^2 \times x^4 \times x \times x^6$　_____

11-1 $\boxed{a^2 \times a \times b \times b^2 = a^{2+\square} \times b^{\square+2} = a^{\square} b^{\square}}$

11-2 $a^8 \times a^2 \times b^2 \times b^3$　_____

12-1 $x^6 \times x^2 \times y^2 \times y$　_____

12-2 $x \times x^2 \times y^2 \times y^3$　_____

13-1 $x^4 \times y^2 \times x^2 \times y^6$　_____

13-2 $a^3 \times b \times a^2 \times b^5$　_____

14-1 $x \times x^2 \times x^5 \times y \times y^6$　_____

14-2 $a^4 \times a^3 \times a^2 \times b \times b^7$　_____

핵심 체크

밑이 같은 숫자 또는 문자일 때에만 지수법칙이 적용되므로 밑이 같은 것끼리 모아서 간단히 한다.

03 지수법칙 (2) : 지수의 곱

정답과 해설 | **10**쪽

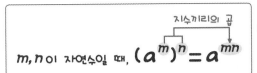 m, n이 자연수일 때, $(a^m)^n = a^{mn}$ (지수끼리의 곱)

$\Rightarrow (a^2)^3 = \underbrace{a^2 \times a^2 \times a^2}_{3개} = a^{2+2+2} = a^6$, 즉 $(a^2)^3 = a^{2\times 3} = a^6$

$(a^2)^3$은 a^2을 3번 곱한 거야.

○ 다음 식을 간단히 하시오.

1-1 $(x^4)^2 = x^{4\times\Box} = x^{\Box}$

1-2 $(x^2)^4$ _____

2-1 $(3^7)^2$ _____

2-2 $(2^3)^4$ _____

3-1 $(a^5)^3$ _____

3-2 $(a^4)^5$ _____

4-1 $(a^2)^{10}$ _____

4-2 $(x^3)^3$ _____

5-1 $(y^3)^8$ _____

5-2 $(x^7)^4$ _____

6-1 $(5^2)^5$ _____

6-2 $(b^{10})^2$ _____

핵심 체크

$(x^2)^6 = x^{2\times 6} = x^{12}$ (○), $(x^2)^6 = x^{2+6} = x^8$ (×)

03 지수법칙 (2) : 지수의 곱

○ 다음 식을 간단히 하시오.

7-1 $(a^4)^2 \times a = a^{4 \times \square} \times a = a^{\square} \times a = a^{\square}$

7-2 $a^4 \times (a^2)^3$ _____

8-1 $(x^3)^2 \times (x^2)^4$ _____

8-2 $(x^2)^6 \times (x^3)^5$ _____

9-1 $(y^2)^2 \times (y^4)^3$ _____

9-2 $x \times (x^5)^3$ _____

10-1 $(b^4)^3 \times (b^3)^3$ _____

10-2 $(a^2)^6 \times (a^7)^2$ _____

11-1 $(x^5)^2 \times (x^6)^4$ _____

11-2 $(y^3)^4 \times y^{10}$ _____

12-1 $(x^3)^2 \times (y^3)^5 = x^{3 \times \square} \times y^{3 \times \square} = x^{\square} y^{\square}$

12-2 $(a^5)^2 \times (b^2)^3$ _____

13-1 $a^5 \times (a^2)^4 \times (b^4)^5$ _____

13-2 $x^3 \times (y^2)^3 \times (y^4)^2$ _____

14-1 $a \times (a^3)^4 \times b^2 \times (b^7)^3$ _____

14-2 $a^{10} \times b^3 \times (a^5)^2 \times (b^3)^3$ _____

> **핵심 체크**
>
> 밑이 같은 숫자나 문자일 때에만 지수법칙이 적용되므로 밑이 같은 것끼리 모아서 간단히 한다.

04 지수법칙 (3) : 지수의 차

$a \neq 0$ 이고 m, n이 자연수일 때,

$$a^m \div a^n = \begin{cases} m > n \text{이면 } a^{m-n} \\ m = n \text{이면 } 1 \\ m < n \text{이면 } \dfrac{1}{a^{n-m}} \end{cases}$$

❶ $a^4 \div a^2 = \dfrac{\overbrace{a \times a \times a \times a}^{4개}}{\underbrace{a \times a}_{2개}} = a^2$, 즉 $a^4 \div a^2 = a^{4-2} = a^2$

❷ $a^2 \div a^2 = \dfrac{a \times a}{a \times a} = 1$ 〈 자기를 자기 자신으로 나누면 항상 1!

❸ $a^2 \div a^4 = \dfrac{\overbrace{a \times a}^{2개}}{\underbrace{a \times a \times a \times a}_{4개}} = \dfrac{1}{a^2}$, 즉 $a^2 \div a^4 = \dfrac{1}{a^{4-2}} = \dfrac{1}{a^2}$

○ 다음 식을 간단히 하시오.

1-1 $\boxed{2^5 \div 2^3 = 2^{\square - \square} = 2^{\square}}$

1-2 $5^8 \div 5^3$ _____

2-1 $x^6 \div x^3$ _____

2-2 $x^{12} \div x^5$ _____

3-1 $a^7 \div a$ _____

3-2 $a^6 \div a^2$ _____

4-1 $x^{11} \div x^3$ _____

4-2 $x^5 \div x^4$ _____

5-1 $\boxed{x^7 \div x^7 = \square}$

5-2 $a^6 \div a^6$ _____

6-1 $2^5 \div 2^5$ _____

6-2 $x^{10} \div x^{10}$ _____

핵심 체크

$a^m \div a^n$을 계산할 때에는 먼저 m과 n의 크기를 비교한다.

04 지수법칙 (3) : 지수의 차

○ 다음 식을 간단히 하시오.

7-1 $x^4 \div x^8 = \dfrac{1}{x^{\square - \square}} = \dfrac{1}{x^{\square}}$

7-2 $x^3 \div x^{12}$　＿＿＿＿＿＿

8-1 $2^3 \div 2^5$　＿＿＿＿＿＿

8-2 $x^2 \div x^6$　＿＿＿＿＿＿

9-1 $a^5 \div a^{10}$　＿＿＿＿＿＿

9-2 $a \div a^9$　＿＿＿＿＿＿

10-1 $x^{16} \div (x^2)^4$　＿＿＿＿＿＿

10-2 $(x^5)^2 \div (x^3)^2$　＿＿＿＿＿＿

11-1 $(x^2)^4 \div x^{10}$　＿＿＿＿＿＿

11-2 $(x^2)^3 \div (x^9)^2$　＿＿＿＿＿＿

앞에서부터 차례대로 계산해.

12-1 $a^4 \div a^2 \div a^8 = a^{\square - \square} \div a^8 = a^{\square} \div a^8$
$= \dfrac{1}{a^{\square - \square}} = \dfrac{1}{a^{\square}}$

12-2 $x^5 \div x \div x^3$　＿＿＿＿＿＿

13-1 $x^8 \div x^2 \div x^9$　＿＿＿＿＿＿

13-2 $a^{10} \div a^3 \div a^7$　＿＿＿＿＿＿

핵심 체크

$a^2 \div a^3 = \dfrac{1}{a^{3-2}} = \dfrac{1}{a}\ (\bigcirc),\ a^2 \div a^3 = a^{3-2} = a\ (\times)$

05 지수법칙을 이용하여 미지수 구하기 (1)

① $x^5 \times x^\square = x^8$

➡ $x^{5+\square} = x^8$ 에서

$5 + \square = 8$ ∴ $\square = 3$

② $(x^2)^\square = x^6$

➡ $x^{2 \times \square} = x^6$ 에서

$2 \times \square = 6$ ∴ $\square = 3$

③ $x^9 \div x^\square = x^7$

➡ $x^{9-\square} = x^7$ 에서

$9 - \square = 7$ ∴ $\square = 2$

○ 다음 □ 안에 알맞은 수를 구하시오.

1-1 $x^\square \times x^2 = x^{10}$ **1-2** $x \times x^\square = x^4$

2-1 $a^\square \times a^7 = a^{11}$ **2-2** $a^\square \times a = a^{10}$

3-1 $2^3 \times 2^\square = 2^9$ **3-2** $a^4 \times a^\square = a^{15}$

4-1 $x^3 \times x^\square \times x = x^8$ **4-2** $x \times x^2 \times x^\square = x^{10}$

5-1 $a^6 \times a^\square \times a^2 = a^{11}$ **5-2** $a^3 \times a^\square \times a^2 = a^6$

핵심 체크

m, n이 자연수일 때, $a^m \times a^n = a^{m+n}$

○ 다음 □ 안에 알맞은 수를 구하시오.

6-1 $(x^\square)^6 = x^{12}$ _____

6-2 $(a^3)^\square = a^{21}$ _____

7-1 $(x^\square)^5 = x^{20}$ _____

7-2 $(3^3)^\square = 3^{12}$ _____

8-1 $(x^\square)^3 = x^6$ _____

8-2 $(a^4)^\square = a^{28}$ _____

9-1 $a^\square \div a^3 = a^5$ _____

9-2 $x^6 \div x^\square = x$ _____

10-1 $a^\square \div a = a^5$ _____

10-2 $a^4 \div a^\square = a^3$ _____

11-1 $x^\square \div x^8 = x$ _____

11-2 $x^9 \div x^\square = x^3$ _____

12-1 $2^\square \div 2^4 = 2^3$ _____

12-2 $3^5 \div 3^\square = 3^2$ _____

핵심 체크

m, n이 자연수일 때, $(a^m)^n = a^{mn}$

○ 다음 □ 안에 알맞은 수를 구하시오.

13-1 $x^{\square} \div x^4 = 1$

_____

13-2 $x^7 \div x^{\square} = 1$

_____

14-1 $a^{\square} \div a^5 = 1$

_____

14-2 $2 \div 2^{\square} = 1$

_____

15-1 $x^3 \div x^{\square} = \dfrac{1}{x^2}$

_____

15-2 $x^{\square} \div x^9 = \dfrac{1}{x^2}$

_____

16-1 $a^{10} \div a^{\square} = \dfrac{1}{a^3}$

_____

16-2 $a^{\square} \div a^7 = \dfrac{1}{a^5}$

_____

17-1 $x^3 \div x^{\square} = \dfrac{1}{x^3}$

_____

17-2 $x^{\square} \div x^3 = \dfrac{1}{x}$

_____

18-1 $5^4 \div 5^{\square} = \dfrac{1}{5^4}$

_____

18-2 $2^{\square} \div 2^9 = \dfrac{1}{2^3}$

_____

핵심 체크

$a \neq 0$이고 m, n이 자연수일 때, $a^m \div a^n = \begin{cases} a^{m-n} & (m > n) \\ 1 & (m = n) \\ \dfrac{1}{a^{n-m}} & (m < n) \end{cases}$

기본연산 집중연습 | 01~05

○ 다음 식을 간단히 하시오.

1-1 $a^2 \times a^5$

1-2 $x^2 \times x^3 \times x^3$

1-3 $x^4 \div x^4$

1-4 $a^4 \div a^2 \div a$

1-5 $(x^3)^5$

1-6 $b^8 \div (b^3)^2$

1-7 $(x^4)^2 \times (x^3)^2$

1-8 $x^5 \div x^7$

1-9 $(a^5)^3 \div (a^3)^5$

1-10 $a^3 \times a^2 \times b \times b^{10}$

1-11 $x^8 \div x^4$

1-12 $(5^4)^3$

1-13 $(a^4)^3 \div (a^2)^8$

1-14 $a^3 \times a^4 \times a$

1-15 $(a^4)^2 \times (a^2)^5$

1-16 $x^9 \div x^7 \div x^3$

1-17 $x^{12} \div x^8$

1-18 $(x^2)^2 \times (x^3)^2$

핵심 체크

❶ m, n이 자연수일 때, $a^m \times a^n = a^{m+n}$ ◀ 지수의 합

❷ m, n이 자연수일 때, $(a^m)^n = a^{mn}$ ◀ 지수의 곱

2. 다음 중 식을 간단히 한 결과가 옳은 칸을 색칠했을 때의 모양으로 알맞은 것을 아래에서 고르시오.

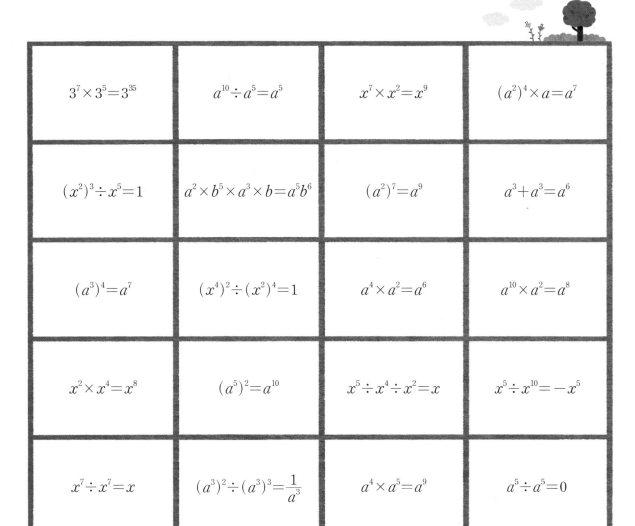

$3^7 \times 3^5 = 3^{35}$	$a^{10} \div a^5 = a^5$	$x^7 \times x^2 = x^9$	$(a^2)^4 \times a = a^7$
$(x^2)^3 \div x^5 = 1$	$a^2 \times b^5 \times a^3 \times b = a^5 b^6$	$(a^2)^7 = a^9$	$a^3 + a^3 = a^6$
$(a^3)^4 = a^7$	$(x^4)^2 \div (x^2)^4 = 1$	$a^4 \times a^2 = a^6$	$a^{10} \times a^2 = a^8$
$x^2 \times x^4 = x^8$	$(a^5)^2 = a^{10}$	$x^5 \div x^4 \div x^2 = x$	$x^5 \div x^{10} = -x^5$
$x^7 \div x^7 = x$	$(a^3)^2 \div (a^3)^3 = \dfrac{1}{a^3}$	$a^4 \times a^5 = a^9$	$a^5 \div a^5 = 0$

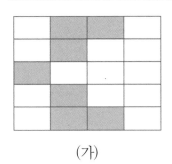

(가)

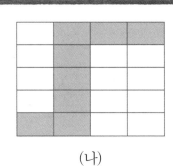

(나)

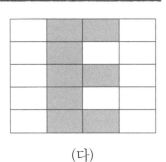

(다)

핵심 체크

❸ $a \neq 0$이고 m, n이 자연수일 때, $a^m \div a^n = \begin{cases} a^{m-n} & (m > n) \\ 1 & (m = n) \\ \dfrac{1}{a^{n-m}} & (m < n) \end{cases}$ ← 지수의 차

06 지수법칙 (4) : 지수의 분배 ①

$$n \text{이 자연수일 때, } (ab)^n = a^n b^n \Rightarrow (ab)^3 = \underbrace{ab \times ab \times ab}_{} = \underbrace{a \times a \times a}_{3개} \times \underbrace{b \times b \times b}_{3개} = a^3 b^3$$

○ 다음 식을 간단히 하시오.

1-1 $\boxed{(x^2 y^3)^2 = x^{\square \times \square} \times y^{3 \times \square} = x^{\square} y^{\square}}$

1-2 $(a^2 b^3)^6$ _____

2-1 $(xy^2)^3$ _____

2-2 $(x^2 y^2)^2$ _____

3-1 $(x^2 y^3)^5$ _____

3-2 $(a^4 b^2)^7$ _____

4-1 $(a^3 b^4)^2$ _____

4-2 $(a^3 b^2)^4$ _____

5-1 $(x^3 y)^6$ _____

5-2 $(a^4 b^5)^2$ _____

6-1 $(x^3 y^3)^4$ _____

6-2 $(a^3 b^4)^5$ _____

핵심 체크

$(xy^3)^2 = x^{1 \times 2} y^{3 \times 2} = x^2 y^6 \ (\bigcirc), \ (xy^3)^2 = xy^{3 \times 2} = xy^6 \ (\times)$

○ 다음 식을 간단히 하시오.

수의 거듭제곱은 계산해 줘.

7-1 $(5x^3)^2 = 5^{\square}x^{\square \times \square} = \boxed{}x^{\square}$

7-2 $(2a^4)^2$ _____

8-1 $(3y^5)^3$ _____

8-2 $(4x^2)^3$ _____

9-1 $(2xy^2)^3 = 2^{\square}x^{\square}y^{2 \times \square} = \boxed{}x^{\square}y^{\square}$

9-2 $(3a^5b)^3$ _____

10-1 $(2x^3y^3)^2$ _____

10-2 $(5x^2y)^4$ _____

11-1 $(2x^3y^4)^4$ _____

11-2 $(4a^5b^2)^3$ _____

12-1 $(3a^5b^4)^2$ _____

12-2 $(2a^2b^3)^6$ _____

13-1 $\left(\dfrac{1}{3}x^2y\right)^3$ _____

13-2 $\left(\dfrac{1}{2}a^3b^4\right)^2$ _____

핵심 체크

괄호 안이 (수) × (문자)인 경우에도 지수법칙을 똑같이 적용한다.

2
식의 계산

07 지수법칙 (5) : 지수의 분배 ②

밑이 음수인 거듭제곱에서 지수가

짝수이면 부호는 $+$ 예 $(-2)^2 = (-2) \times (-2) = 4$

홀수이면 부호는 $-$ 예 $(-2)^3 = (-2) \times (-2) \times (-2) = -8$

○ 다음 식을 간단히 하시오.

1-1 $(-a)^3 = \{(-1) \times a\}^3 = (-1)^{\square} a^{\square}$
$\qquad = \boxed{}$

1-2 $(-2x^2)^3$ _____

2-1 $(-3a^4)^2$ _____

2-2 $(-x^4)^4$ _____

3-1 $(-xy^5)^5 = (-1)^{\square} x^{\square} y^{5 \times \square} = \boxed{}$

3-2 $(-2a^3b^2)^2$ _____

4-1 $(-x^5y^2)^4$ _____

4-2 $(-2x^2y)^3$ _____

5-1 $(-ab)^2$ _____

5-2 $(-5x^3y^5)^2$ _____

6-1 $(-4x^2y^3)^3$ _____

6-2 $(-3a^4b^4)^5$ _____

08 지수법칙 (6) : 지수의 분배 ③

$$n \text{이 자연수일 때, } \left(\frac{a}{b}\right)^n = \frac{a^n}{b^n} \text{ (단, } b \neq 0) \Rightarrow \left(\frac{a}{b}\right)^3 = \frac{a}{b} \times \frac{a}{b} \times \frac{a}{b} = \frac{\overbrace{a \times a \times a}^{3개}}{\underbrace{b \times b \times b}_{3개}} = \frac{a^3}{b^3}$$

◎ 다음 식을 간단히 하시오.

1-1 $\left(\dfrac{y}{x^2}\right)^4 = \dfrac{y^{\square}}{x^{2 \times \square}} = \dfrac{y^{\square}}{x^{\square}}$

1-2 $\left(\dfrac{x^2}{y^5}\right)^3$ _____

2-1 $\left(\dfrac{y}{x}\right)^4$ _____

2-2 $\left(\dfrac{b^2}{a^3}\right)^4$ _____

3-1 $\left(\dfrac{y^4}{x^2}\right)^3$ _____

3-2 $\left(\dfrac{y^3}{x}\right)^2$ _____

4-1 $\left(\dfrac{a^5}{b^2}\right)^4$ _____

4-2 $\left(\dfrac{y}{x^2}\right)^5$ _____

5-1 $\left(\dfrac{y^5}{x^4}\right)^6$ _____

5-2 $\left(\dfrac{b^2}{a^5}\right)^{10}$ _____

핵심 체크

$$\left(\frac{x^2}{y}\right)^5 = \frac{x^{2 \times 5}}{y^{1 \times 5}} = \frac{x^{10}}{y^5} (\bigcirc), \quad \left(\frac{x^2}{y}\right)^5 = \frac{x^{2 \times 5}}{y} = \frac{x^{10}}{y} (\times)$$

2
식의 계산

08 지수법칙 (6) : 지수의 분배 ③

○ 다음 식을 간단히 하시오.

6-1 $\left(\dfrac{a^2}{3}\right)^4 = \dfrac{a^{2\times\square}}{3^{\square}} = = \dfrac{a^{\square}}{\boxed{}}$

6-2 $\left(\dfrac{a^3}{2}\right)^2$ _____

7-1 $\left(\dfrac{3}{a^3}\right)^3$ _____

7-2 $\left(\dfrac{2}{x^4}\right)^3$ _____

8-1 $\left(\dfrac{2x^3}{y^5}\right)^5 = \dfrac{2^{\square}x^{3\times\square}}{y^{\square\times5}} = \dfrac{\boxed{}^{\square}x^{\square}}{y^{\square}}$

8-2 $\left(\dfrac{z}{x^2 y}\right)^5$ _____

9-1 $\left(\dfrac{b}{3a^3}\right)^3$ _____

9-2 $\left(\dfrac{5a}{b^3}\right)^2$ _____

10-1 $\left(\dfrac{x^4}{2y^3}\right)^5$ _____

10-2 $\left(-\dfrac{x^4}{y^2}\right)^2$ _____

11-1 $\left(-\dfrac{x^2}{2y^5}\right)^3$ _____

11-2 $\left(-\dfrac{a^2}{b^3}\right)^5$ _____

12-1 $\left(-\dfrac{2x^3}{y^4}\right)^3$ _____

12-2 $\left(-\dfrac{x^5}{3y}\right)^4$ _____

핵심 체크

분모나 분자에 수가 있는 경우에도 지수법칙을 똑같이 적용한다.

---

09 지수법칙을 이용하여 미지수 구하기 (2)

정답과 해설 | **14**쪽

❶ $(x^3 y^\square)^2 = x^6 y^{12}$

➡ $x^{3\times2} y^{\square\times2} = x^6 y^{12}$ 에서

$\square \times 2 = 12$ ∴ $\square = 6$

❷ $\left(\dfrac{x^\square}{y}\right)^4 = \dfrac{x^{12}}{y^4}$

➡ $\dfrac{x^{\square\times4}}{y^4} = \dfrac{x^{12}}{y^4}$ 에서

$\square \times 4 = 12$ ∴ $\square = 3$

○ 다음 □ 안에 알맞은 수를 차례대로 구하시오.

1-1 $(x^3 y^\square)^3 = x^9 y^{18}$ _____

1-2 $(x^\square y^2)^2 = x^6 y^4$ _____

2-1 $(x^\square y^4)^3 = x^6 y^\square$ _____

2-2 $(x^5 y^\square)^4 = x^\square y^{12}$ _____

3-1 $(a^2 b^\square)^5 = a^\square b^{20}$ _____

3-2 $(a^\square b^3)^6 = a^{24} b^\square$ _____

4-1 $\left(\dfrac{x^\square}{y}\right)^4 = \dfrac{x^{16}}{y^4}$ _____

4-2 $\left(\dfrac{a^\square}{b^2}\right)^3 = \dfrac{a^{15}}{b^6}$ _____

5-1 $\left(\dfrac{a^\square}{b}\right)^2 = \dfrac{a^6}{b^\square}$ _____

5-2 $\left(\dfrac{x^3}{y^\square}\right)^4 = \dfrac{x^\square}{y^8}$ _____

핵심 체크

n이 자연수일 때, $(ab)^n = a^n b^n$, $\left(\dfrac{a}{b}\right)^n = \dfrac{a^n}{b^n}$ (단, $b \neq 0$)

2 식의 계산

10 지수법칙 (7) : 종합

① 지수의 합

m, n이 자연수일 때, $a^m \times a^n = a^{m+n}$

② 지수의 곱

m, n이 자연수일 때, $(a^m)^n = a^{mn}$

③ 지수의 차

$a \neq 0$이고 m, n이 자연수일 때,

$$a^m \div a^n = \begin{cases} m > n \text{이면 } a^{m-n} \\ m = n \text{이면 } 1 \\ m < n \text{이면 } \dfrac{1}{a^{n-m}} \end{cases}$$

④ 지수의 분배

n이 자연수일 때, $(ab)^n = a^n b^n$

$$\left(\frac{a}{b}\right)^n = \frac{a^n}{b^n} \text{ (단, } b \neq 0)$$

○ 다음 식을 간단히 하시오.

1-1 $a^7 \times a^8$　_____

1-2 $3^7 \times 3^5$　_____

2-1 $x^4 \times x^9$　_____

2-2 $x^3 \times x \times x^4$　_____

3-1 $a^5 \times a^2 \times a^7$　_____

3-2 $a^3 \times a^2 \times b^4 \times b$　_____

4-1 $(b^2)^3$　_____

4-2 $(2^4)^5$　_____

5-1 $(x^3)^7$　_____

5-2 $(x^3)^4 \times (y^4)^2$　_____

6-1 $(a^3)^4 \times a^2 \times (b^4)^3$　_____

6-2 $(a^2)^5 \times b^3 \times (b^6)^2 \times a^2$　_____

> **핵심 체크**
>
> 밑이 같은 숫자 또는 문자일 때에만 지수법칙이 적용되므로 밑이 같은 것끼리 모아서 간단히 한다.

○ 다음 식을 간단히 하시오.

7-1 $a^7 \div a^4$ _____ **7-2** $x^4 \div x^4$ _____

8-1 $x^4 \div x^9$ _____ **8-2** $(a^3)^2 \div (a^2)^3$ _____

9-1 $x^7 \div x^5 \div x$ _____ **9-2** $(a^2)^2 \div a^2 \div a^8$ _____

10-1 $(x^2 y)^4$ _____ **10-2** $(2a^2 b)^3$ _____

11-1 $(-4x^2 y^4)^2$ _____ **11-2** $(-xy^4)^3$ _____

12-1 $\left(\dfrac{2x}{y}\right)^2$ _____ **12-2** $\left(\dfrac{3a^2}{b^3}\right)^3$ _____

13-1 $\left(-\dfrac{x^4}{y^2}\right)^8$ _____ **13-2** $\left(-\dfrac{b^3}{3a}\right)^3$ _____

> **핵심 체크**
>
> $a^2 \div a^2 = 1$과 같이 자기를 자기 자신으로 나누면 항상 1이다. 이때 0이라고 착각하지 않도록 주의한다.

기본연산 집중연습 | 06~10

○ 다음 식을 간단히 하시오.

1-1 $(x^2y^3)^7$

1-2 $(-2a^2b^3)^3$

1-3 $(x^3y^2)^4$

1-4 $(3x^2y^2)^2$

1-5 $\left(\dfrac{y^5}{x^3}\right)^3$

1-6 $\left(\dfrac{y^3}{x^4}\right)^2$

1-7 $(-7x)^2$

1-8 $(x^2y^3)^5$

1-9 $(-3x^5)^2$

1-10 $(x^2y)^3$

1-11 $(2a^2b^3)^4$

1-12 $(-3xy^2)^3$

1-13 $\left(\dfrac{x}{y}\right)^3$

1-14 $\left(\dfrac{a^3}{b}\right)^2$

1-15 $(-xy^2)^3$

1-16 $\left(\dfrac{-3x^3}{y^4}\right)^2$

1-17 $\left(-\dfrac{2a^3}{b^2}\right)^4$

1-18 $\left(-\dfrac{x^2}{2y}\right)^5$

핵심 체크

❶ n이 자연수일 때, $(ab)^n = a^n b^n$, $\left(\dfrac{a}{b}\right)^n = \dfrac{a^n}{b^n}$ (단, $b \neq 0$)

○ 다음 중 옳은 것에는 ○표, 옳지 않은 것에는 ×표를 하시오.

2-1

$$x^3 \times x^2 = x^5$$

(   )

2-2

$$x^7 \div x^3 = x^4$$

(   )

2-3

$$(a^2)^3 = a^5$$

(   )

2-4

$$x^3 \div x^6 = x^3$$

(   )

2-5

$$(a^2 b^3)^3 = a^6 b^9$$

(   )

2-6

$$(2a)^3 = 6a^3$$

(   )

2-7

$$(-x^3 y)^3 = x^9 y^3$$

(   )

2-8

$$\left(-\frac{x}{2}\right)^4 = \frac{x^4}{16}$$

(   )

2-9

$$\left(\frac{x^5}{y^3}\right)^2 = \frac{x^{10}}{y^3}$$

(   )

2-10

$$(3xy^2)^3 = 3x^3 y^6$$

(   )

2-11

$$\left(-\frac{y^2}{3}\right)^3 = -\frac{y^6}{27}$$

(   )

2-12

$$(4xy)^2 = 16x^2 y^2$$

(   )

핵심 체크

❷ 수에도 지수법칙을 적용한다.

2 식의 계산

11 (단항식) × (단항식)

❶ 계수는 계수끼리, 문자는 문자끼리 곱한다.
❷ 같은 문자끼리의 곱은 지수법칙을 이용하여 간단히 한다.

$$예 \quad -3a^2 \times 2ab = (-3 \times a \times a) \times (2 \times a \times b)$$
$$= (-3 \times 2) \times (a \times a \times a) \times b$$
$$= -6a^3b$$

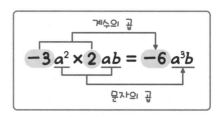

○ 다음 식을 간단히 하시오.

1-1
$$3x \times 5y = 3 \times x \times 5 \times y$$
$$= 3 \times 5 \times x \times y$$
$$= \boxed{}$$

1-2 $2x \times 7y$ _____

2-1 $\dfrac{2}{3}a \times 6b$ _____

2-2 $\dfrac{1}{2}a \times \dfrac{1}{3}bc$ _____

3-1 $2a \times 3ab$ _____

3-2 $\dfrac{2}{3}ab \times \dfrac{1}{4}b$ _____

 부호에 주의하도록!

4-1
$$-4a \times 3b = -4 \times a \times 3 \times b$$
$$= -4 \times 3 \times a \times b$$
$$= \boxed{}$$

4-2 $-3a \times (-2b)$ _____

5-1 $-8x \times \dfrac{1}{4}y$ _____

5-2 $-\dfrac{3}{4}x \times \left(-\dfrac{2}{3}y\right)$ _____

6-1 $-2ab \times 4b$ _____

6-2 $-5ab \times \dfrac{1}{5}a$ _____

핵심 체크

전체 부호를 결정할 때, (−)가 홀수 개이면 ➡ (−), (−)가 짝수 개이면 ➡ (+)

○ 다음 식을 간단히 하시오.

7-1
$$-2a^2 \times 3a = -2 \times a^2 \times 3 \times a$$
$$= -2 \times 3 \times a^2 \times a$$
$$= \boxed{}$$

7-2 $3x^2 \times (-4x^2)$ _____

8-1 $-2a^3 \times (-a^2)$ _____

8-2 $-4x^3 \times \dfrac{3}{2}x^4$ _____

9-1
$$-2x^2y \times 5xy^3$$
$$= -2 \times x^2 \times y \times 5 \times x \times y^3$$
$$= -2 \times 5 \times x^2 \times x \times y \times y^3$$
$$= \boxed{}$$

9-2 $2a^3b \times ab^2$ _____

10-1 $xy^2 \times 3x^2$ _____

10-2 $3x^2y \times 2xy^2$ _____

11-1 $-2xy \times 6xy^2$ _____

11-2 $-3a^2b \times \left(-\dfrac{2}{3}a^3\right)$ _____

12-1 $9x^2y^3 \times \left(-\dfrac{1}{3}xy\right)$ _____

12-2 $8a^4 \times \dfrac{1}{4}a^2b^3$ _____

> **핵심 체크**
>
> 수를 문자보다 먼저 쓰고, 문자는 알파벳 순서로 쓴다.

11 (단항식)×(단항식)

○ 다음 식을 간단히 하시오.

13-1
$$\left(-\frac{1}{2}xy\right)^2 \times 14x = \frac{1}{4}x^2y^2 \times 14x$$
$$= \boxed{}$$

13-2 $-3ab \times (-2b)^3$ _____

14-1 $(-4x)^2 \times (-x^2)^4$ _____

14-2 $(-2x)^3 \times 2xy$ _____

15-1 $2a^2b \times (-4ab)^3$ _____

15-2 $5x^2y \times (x^2y^3)^2$ _____

16-1 $(ab^2)^2 \times (2a^3b)^3$ _____

16-2 $\left(-\frac{3}{8}xy\right)^2 \times \left(-\frac{2}{3}xy^3\right)$ _____

17-1 $(a^2b)^3 \times \left(\frac{a}{b^2}\right)^3$ _____

17-2 $(-xy^3)^2 \times \left(\frac{1}{3xy}\right)^3$ _____

18-1 $(2xy^2)^3 \times (-4xy^4) \times (-x^2y)^2$

_____

18-2 $(-2ab)^3 \times \left(-\frac{a}{b^2}\right)^3 \times \left(\frac{b^2}{a}\right)^2$

_____

> **핵심 체크**
>
> • 괄호가 있는 거듭제곱은 먼저 지수법칙을 이용하여 정리한다.
> • $(-a)^2 = (-a) \times (-a) = a^2$, $-a^2 = -1 \times a \times a = -a^2$임에 주의한다.

12 역수 [Feedback]

정답과 해설 | **16**쪽

역수 : 두 수의 곱이 1일 때, 한 수를 다른 수의 역수라 한다.

◉ 3의 역수 ➡ $\dfrac{1}{3}$

    $-\dfrac{2}{a}$의 역수 ➡ $-\dfrac{a}{2}$

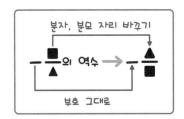

○ 다음 식의 역수를 구하시오.

1-1 $-4a$ **1-2** $3ab$

2-1 $5x$ **2-2** $-2a^2$

3-1 $\dfrac{1}{3}x$ **3-2** $-\dfrac{4}{5}xy$

4-1 $-\dfrac{2}{3}x$ **4-2** $\dfrac{9}{10}ab^4$

5-1 $-\dfrac{18x}{y}$ **5-2** $\dfrac{ab^2}{2}$

> **핵심 체크**
>
> $2a = \dfrac{2a}{1}$, $-\dfrac{1}{2}x = -\dfrac{x}{2}$로 생각하고 역수를 구한다.

13 (단항식) ÷ (단항식)

방법 1 분수로 바꾸어 계산한다.

→ $A \div B = \dfrac{A}{B}$

예 $12ab \div 3a = \dfrac{12ab}{3a} = \dfrac{12}{3} \times \dfrac{ab}{a} = 4b$

방법 2 역수의 곱셈으로 바꾸어 계산한다.

→ $A \div B = A \times \dfrac{1}{B}$

예 $12ab \div 3a = 12ab \times \dfrac{1}{3a} = \left(12 \times \dfrac{1}{3}\right) \times \left(ab \times \dfrac{1}{a}\right) = 4b$

참고 나누는 식이 분수 꼴이면 **방법 2** 를 이용하여 계산하는 것이 편리하다.

예 $15ab \div \dfrac{3}{2}a = 15ab \times \dfrac{2}{3a} = 10b$

○ 다음 식을 간단히 하시오.

1-1 $8xy \div 4x = \dfrac{\boxed{}}{4x} = \boxed{}$

1-2 $-7ab \div 14b$ _____

2-1 $3a^3 \div 4a$ _____

2-2 $-15x^4 \div 5x^2$ _____

3-1 $6a^3b \div 2ab$ _____

3-2 $8a^4b^3 \div (-4a^2b^2)$ _____

4-1 $(-6a)^2 \div 9a$ _____

4-2 $4m^2n \div (-2m)^3$ _____

5-1 $24a^3b \div (ab)^2$ _____

5-2 $x^5y^4 \div (2x^2y^3)^2$ _____

핵심 체크

나눗셈을 분수로 바꾸어 계산한다.

○ 다음 식을 간단히 하시오.

6-1 $\boxed{x^2 \div \dfrac{x}{4} = x^2 \times \boxed{} = \boxed{}}$

6-2 $12a^3 \div \dfrac{a}{3}$ _____

7-1 $3a^3 \div \dfrac{3}{4}a$ _____

7-2 $6a^2 \div \left(-\dfrac{6}{5}a\right)$ _____

8-1 $(-3x)^3 \div \left(-\dfrac{9}{2}x^3\right)$ _____

8-2 $(-7x^2)^2 \div \dfrac{7}{4}x$ _____

9-1 $\boxed{6a^3b^2 \div \dfrac{3}{5}a^2b = 6a^3b^2 \times \boxed{} = \boxed{}}$

9-2 $\dfrac{5}{6}a^2b \div \left(-\dfrac{5}{9}ab^3\right)$ _____

10-1 $2a^2b \div \dfrac{ab}{3}$ _____

10-2 $-x^2y^4 \div \dfrac{1}{2}xy^2$ _____

11-1 $5a^3b \div \left(-\dfrac{1}{2}ab\right)^2$ _____

11-2 $\left(-\dfrac{2}{3}xy\right)^2 \div \dfrac{1}{6}y$ _____

> **핵심 체크**
> 나누는 식을 역수의 곱셈으로 바꾸어 계산한다.

기본연산 집중연습 | 11~13

○ 다음 식을 간단히 하시오.

1-1 $5a^2 \times 2b$

1-2 $\dfrac{3}{4}x \times (-8y)$

1-3 $2xy \times 6xy^2$

1-4 $-x^2y \times (5xy^2)^2$

1-5 $(xy^2)^3 \times (2x^3y)^2$

1-6 $(-2a^3b)^3 \times (-4a^2b^2)^2$

1-7 $3a \times (-2b)^2 \times (-a^2)$

1-8 $\left(-\dfrac{3}{2}a\right)^2 \times (-8ab) \times \left(\dfrac{1}{6}b\right)^2$

○ 다음 식을 간단히 하시오.

2-1 $8a^3 \div 4a$

2-2 $16xy^2 \div 8x^2y$

2-3 $(4x^2)^2 \div 2x^2$

2-4 $(3a^2b)^3 \div (-3a^2b)^2$

2-5 $\dfrac{2}{5}x^3 \div \left(-\dfrac{3}{4}x\right)$

2-6 $14xy^2 \div \dfrac{7}{2}y^2$

2-7 $(a^3b)^2 \div \dfrac{b^3}{4a^2}$

2-8 $(-ab)^3 \div \left(\dfrac{b}{a}\right)^2$

핵심 체크

❶ 단항식의 곱셈 ➡ 계수는 계수끼리, 문자는 문자끼리 계산한다.

○ 빈칸에 알맞은 식을 써넣으시오.

3-1 $\longrightarrow \times \longrightarrow$

$2a$	$3b^4$	
$-2x^2y$	$5xy^3$	

3-2 $\longrightarrow \times \longrightarrow$

a^2b	$(-7a^3b^2)$	
$(x^2y^3)^2$	$(2xy^2)^3$	

3-3 $\longrightarrow \times \longrightarrow$

$(-9x)^2$	$\left(-\dfrac{1}{3}y\right)^2$	
$\left(\dfrac{x}{y^2}\right)^2$	$\left(\dfrac{y^3}{x}\right)^2$	

3-4 $\longrightarrow \div \longrightarrow$

$-2ab^2$	a^3b	
$(x^4y^5)^2$	x^2y^3	

3-5 $\longrightarrow \div \longrightarrow$

$(-2x^2y)^3$	$(2xy^2)^2$	
$\dfrac{2}{3}xy$	$\dfrac{4}{5}xy^2$	

3-6 $\longrightarrow \div \longrightarrow$

$\dfrac{1}{6}x^3y^2$	$\left(-\dfrac{2}{3}xy\right)^2$	
$(4x^2y^3)^2$	$\left(-\dfrac{2y}{x^2}\right)^3$	

핵심 체크

❷ 단항식의 나눗셈 ➡ 나눗셈을 분수로 바꾸어 계산하거나 나누는 식을 역수의 곱셈으로 바꾸어 계산한다.

2 식의 계산

14 단항식의 곱셈과 나눗셈의 혼합 계산 (1)

❶ 나눗셈을 역수의 곱셈으로 바꾼다.

❷ 계수는 계수끼리, 문자는 문자끼리 계산한다.

$$3x^3 \times (-4y^2) \div 6xy$$

$$= 3x^3 \times (-4y^2) \times \frac{1}{6xy} \qquad ①$$

$$= 3 \times (-4) \times \frac{1}{6} \times x^3 \times y^2 \times \frac{1}{xy} \qquad ②$$

$$= -2x^2y \quad \boxed{\text{부호에 주의!}}$$

○ 다음 식을 간단히 하시오.

1-1
$$12x^3 \div 4x^2 \times 5x^4 = 12x^3 \times \boxed{} \times 5x^4$$
$$= \boxed{}$$

1-2 $3x^2y \div (-4xy^3) \times 2x^5y^2$ _____

2-1 $12xy^2 \times 3x^2y^2 \div (-4y^3)$ _____

2-2 $a^4b^3 \times 8b \div 2ab$ _____

3-1 $5x^2y \div (-2x^3y) \times 4xy^2$ _____

3-2 $8x^2y \times (-x^3y^3) \div (-2x)$ _____

4-1 $9a^2b \div (-3a) \times 4b$ _____

4-2 $6x^2 \times xy^2 \div (-3xy)$ _____

5-1 $4x^2 \div (-8x^3) \times 6xy$ _____

5-2 $3xy \times 2y \div 6x^2y$ _____

핵심 체크

×, ÷가 혼합된 계산은 앞에서부터 순서대로 계산해야 한다.

➡ $A \div B \times C = A \times \frac{1}{B} \times C = \frac{AC}{B}$ (○), $A \div B \times C = A \div BC = \frac{A}{BC}$ (×)

○ 다음 식을 간단히 하시오.

6-1
$$3x^2y \div \frac{1}{2}x \times 8xy^2 = 3x^2y \times \boxed{} \times 8xy^2$$
$$= \boxed{}$$

6-2 $4x^2y \div \frac{1}{3}xy^2 \times 6xy$ _____

7-1 $-6x^2 \div \frac{x^3}{3} \times (-2x)$ _____

7-2 $-2ab^3 \times \frac{a^2}{b^4} \div \left(-\frac{4}{3}a^3b^3\right)$ _____

8-1 $4x^2y^3 \div \frac{2}{3}xy^5 \times (-2x^3y)$ _____

8-2 $-3x^2 \times \left(-\frac{3}{2}xy\right) \div \frac{1}{2}x^2y^2$ _____

9-1
$$2x^3y \div 3y^2 \div \frac{2}{3}x = 2x^3y \times \boxed{} \times \boxed{}$$
$$= \boxed{}$$

9-2 $40a^2b^2 \div (-5ab) \div 4b$ _____

10-1 $8a^2b^3 \div (-6ab) \div b$ _____

10-2 $16x^2y \div (-2xy) \div 4x^2$ _____

11-1 $8x^3 \div \frac{1}{2}x^2 \div (-4x)$ _____

11-2 $2xy^2 \div \left(-\frac{1}{2}xy\right) \div (-3x^2)$ _____

핵심 체크

$$\blacksquare \div \blacktriangle \div \bullet = \blacksquare \times \frac{1}{\blacktriangle} \times \frac{1}{\bullet}$$

15 단항식의 곱셈과 나눗셈의 혼합 계산 (2)

① 지수법칙을 이용하여 괄호를 푼다.
② 나눗셈을 역수의 곱셈으로 바꾼다.
③ 계수는 계수끼리, 문자는 문자끼리 계산한다.

$$5x^3y \div (-xy^2)^3 \times xy$$
$$= 5x^3y \div (-x^3y^6) \times xy \qquad ①$$
$$= 5x^3y \times \left(-\frac{1}{x^3y^6}\right) \times xy \qquad ②$$
$$= 5 \times (-1) \times x^3y \times \frac{1}{x^3y^6} \times xy \qquad ③$$
$$= -\frac{5x}{y^4}$$

○ 다음 식을 간단히 하시오.

1-1 $(-2x)^3 \div 6x^2 \times 3x = \boxed{} \times \boxed{} \times 3x$
$$= \boxed{}$$

1-2 $6x^3 \div (-2xy) \times (x^2y)^2$ _____

2-1 $18x^3 \times (-4y^2)^2 \div 9xy$ _____

2-2 $(-4a)^2 \div 8ab \times (-2a)$ _____

3-1 $4x^2y \times (-2y)^2 \div 8y$ _____

3-2 $8x^2y \times (-xy)^3 \div (-2x)$ _____

4-1 $(-5xy)^2 \times (x^2y)^3 \div 5xy$ _____

4-2 $(-6x^3y^2)^2 \div 18x^4y^5 \times (-2xy)^2$ _____

5-1 $(-4xy^3)^2 \times 3x^2y \div (-2xy)^3$ _____

5-2 $(4xy^3)^2 \div (-2x^2y^3)^4 \times (-x^3y^3)^4$ _____

핵심 체크

먼저 지수법칙을 이용하여 괄호를 푼다.

○ 다음 식을 간단히 하시오.

6-1
$$x^3y^4 \div \frac{1}{5}xy^2 \times (-2y)^2$$
$$= x^3y^4 \times \boxed{} \times \boxed{} = \boxed{}$$

6-2 $(2x^2y)^3 \times (-3xy^2) \div \frac{3}{2}xy$

7-1 $(-2ab^3)^3 \div \left(-\frac{4}{3}a^3b^3\right) \times \frac{a^2}{b^4}$

7-2 $\left(-\frac{2}{3}ab\right)^2 \div (-4b) \times \frac{3}{8}a$

8-1 $a^2b \times (-2ab)^2 \div \frac{1}{3}a^3b^2$

8-2 $(-3x^2y)^2 \div 9y^3 \times \left(-\frac{1}{3}xy\right)$

9-1 $-x^2y^3 \div \left(\frac{x}{y^2}\right)^3 \times x^3y^2$

9-2 $16a^5b^2 \div \left(-\frac{2a}{b}\right)^3 \times \frac{3}{2}ab^2$

10-1 $24xy^2 \div (-4y)^2 \times \left(-\frac{2}{3}x\right)^3$

10-2 $(-4xy^3)^2 \times \frac{1}{3}x^3y \div \left(-\frac{2}{3}xy^2\right)^3$

11-1 $(-2xy)^3 \div x^2y^3 \div \left(-\frac{2}{5}x\right)$

11-2 $\left(-\frac{2}{3}a\right)^3 \div 8b^3 \div \left(-\frac{2a}{3b}\right)^2$

핵심 체크

나눗셈을 역수의 곱셈으로 바꾸고 앞에서부터 순서대로 계산한다.

16 □ 안에 알맞은 단항식 구하기

$$A \times \square = B$$
$$\therefore \square = B \div A$$
$$= \frac{B}{A}$$

예 $4x \times \square = 12x^2y$
$$\therefore \square = \frac{12x^2y}{4x} = 3xy$$

$$A \div \square = B$$
$$A \times \frac{1}{\square} = B$$
$$\therefore \square = \frac{A}{B}$$

예 $15x^2y \div \square = 3x$
$$15x^2y \times \frac{1}{\square} = 3x$$
$$\therefore \square = \frac{15x^2y}{3x} = 5xy$$

○ 다음 □ 안에 알맞은 식을 구하시오.

1-1
$3x^2 \times \square = -15x^3y^2$
➡ $\square = \dfrac{-15x^3y^2}{3x^2} = $ _____

1-2 $2a^3b \times \square = 4a^4b$ _____

2-1 $3a^2b^3 \times \square = -21a^6b^9$ _____

2-2 $-4x^2y \times \square = 8x^4y^3$ _____

3-1
$16x^2y^4 \div \square = 4xy^3$
➡ $16x^2y^4 \times \dfrac{1}{\square} = 4xy^3$
$\therefore \square = \dfrac{16x^2y^4}{4xy^3} = $ _____

3-2 $6x^2y \div \square = 3x$ _____

4-1 $-48x^2y^3 \div \square = 16y$ _____

4-2 $2xy^2 \div \square = 3x^2y^3$ _____

핵심 체크

$A \div \square = B$ ➡ $A \times \dfrac{1}{\square} = B$ ➡ $\dfrac{1}{\square} = \dfrac{B}{A}$ ➡ $\square = \dfrac{A}{B}$

○ 다음 ☐ 안에 알맞은 식을 구하시오.

5-1

$6a^2b^4 \times \boxed{} \div (-3ab^3) = 4a^2b^2$

➡ $6a^2b^4 \times \boxed{} \times \left(-\dfrac{1}{3ab^3}\right) = 4a^2b^2$

$\boxed{} \times (-2ab) = 4a^2b^2$

$\therefore \boxed{} = \dfrac{4a^2b^2}{-2ab} = $ _____

5-2 $3ab^3 \times 4a^2b \div \boxed{} = 2b^2$ _____

6-1 $4x^3y \times \boxed{} \div (-x^2y) = 12xy$

_____

6-2 $(-64a^2b^4) \times \boxed{} \div 8ab^3 = -4a^2b$

_____

7-1 $a^2b^2 \times \boxed{} \div 2ab^2 = a^2b^3$ _____

7-2 $x^4y \div 3x^2y^2 \times \boxed{} = x^2y^2$ _____

8-1 $3x^2y \div \boxed{} \times (-2xy)^3 = 24x^3y$

_____

8-2 $\boxed{} \times (-2x)^2 \div 3x^2y^3 = 1$

_____

9-1 $\boxed{} \times (-4x^4y^2)^2 \div 2xy = 4x^8y^8$

_____

9-2 $(-3a^3)^2 \div \boxed{} \times \left(\dfrac{b^2}{a}\right)^4 = -3a^3b^5$

_____

핵심 체크

$A \div \boxed{} \times B = C \ \Rightarrow\ A \times \dfrac{1}{\boxed{}} \times B = C \ \Rightarrow\ A \times B \times \dfrac{1}{\boxed{}} = C \ \Rightarrow\ \dfrac{1}{\boxed{}} = \dfrac{C}{A \times B} \ \Rightarrow\ \boxed{} = \dfrac{A \times B}{C}$

2 식의 계산

기본연산 집중연습 | 14~16

○ 다음 식을 간단히 하시오.

1-1 $16x^2 \div (-2xy) \times 4y$

1-2 $4a^2b \div 2ab^2 \times 3ab^2$

1-3 $15x^5y^4 \div 3xy \times 2x^2y$

1-4 $4a^2 \times 2a^3b \div \dfrac{8a^5}{b}$

1-5 $4x^2y^4 \times \dfrac{2}{3}x^3 \div (-16x^4y^5)$

1-6 $-2ab^2 \times (2ab)^2 \div 6a^2b^3$

1-7 $8x^6y^3 \times (-xy^2) \div (-2xy^2)^2$

1-8 $12a^3b^2 \div 4a^2b^3 \times (2ab)^2$

1-9 $4x^2y \times (-3xy^3)^2 \div (-3x^3y^2)$

1-10 $(-6x^3y)^2 \div 4x^5y \times xy^2$

1-11 $(-2xy^3)^2 \times 27x^6y^3 \div 12xy^4$

1-12 $(-3a^3)^2 \times 16b^4 \div (6ab^3)^2$

1-13 $(-4xy^3)^2 \times 3x^2y \div (-2xy)^3$

1-14 $2a^4b \div \dfrac{1}{2}ab \times \left(-\dfrac{1}{2}ab\right)^2$

1-15 $\left(-\dfrac{2}{3}x\right)^3 \div \dfrac{y^2}{x^9} \times (-3y)^3$

1-16 $(-2xy^3)^3 \div (-4x^3y) \times \left(\dfrac{3x^2}{y^3}\right)^2$

핵심 체크

❶ 단항식의 곱셈과 나눗셈의 혼합 계산 ➡ 나눗셈을 역수의 곱셈으로 바꾸고, 계수는 계수끼리, 문자는 문자끼리 계산한다.

2. 지유는 점심 시간에 친구들과 사다리타기를 하여 매점에 다녀오기로 하였다. 사다리를 타는 규칙은 다음과 같다.

> ─ 규칙 ─
> ① 세로선을 만나면 아래로 이동한다.
> ② 가로선을 만나면 옆으로 이동한다.
> ③ ▨를 만나면 주어진 연산 후 아래로 이동한다.

사다리타기를 한 결과가 a인 사람이 매점에 다녀오기로 할 때, 누가 매점에 가게 되는지 구하시오.

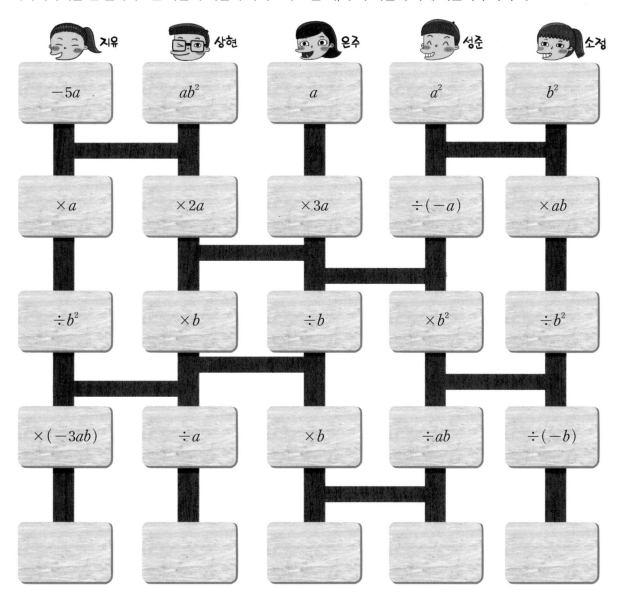

17 다항식의 덧셈

다항식의 덧셈 : 괄호를 풀고 동류항끼리 모아서 간단히 한다.

$(2a-3b)+(-5a+b)$ ┐ 괄호를 푼다.
$=2a-3b-5a+b$ ┤ 동류항끼리 모은다.
$=2a-5a-3b+b$ ┤ 동류항끼리 계산한다.
$=-3a-2b$ ┘

○ 다음 식을 간단히 하시오.

1-1
$$(3x-y)+(5x-2y)=3x-y+5x-2y$$
$$=\boxed{}x-\boxed{}y$$

1-2 $(5x+4y)+(2x+3y)$ _____

2-1 $(2a+3b)+(3a-2b)$ _____

2-2 $(4a-b)+(3a+5b)$ _____

3-1 $(a+3b)+(2a-4b)$ _____

3-2 $(4x-y)+(2x+6y)$ _____

4-1 $(a+2b)+(-4a+3b)$ _____

4-2 $(-3x-4y)+(2x-6y)$ _____

> 상수항끼리도 동류항이야.

5-1 $(6a+2b-3)+(3a-7b+4)$

_____

5-2 $(x-y+2)+(-3x-2y+5)$

_____

핵심 체크

$$(2x+3y)+(x-2y)=\underset{\text{동류항}}{2x}+3y+\underset{\text{동류항}}{x}-2y=3x+y$$

○ 다음 식을 간단히 하시오.

6-1
$$3(-x-4y)+(5x-3y)$$
$$=\boxed{}x-\boxed{}y+5x-3y$$
$$=\boxed{}$$

6-2 $3(2a+4b)+2(3a-5b)$ _____

7-1 $7(-x-y)+2(3x+5y)$ _____

7-2 $-6(x-2y)+5(3x-2y)$

_____

8-1 $5(x-y)+2(-x+3y)$ _____

8-2 $-2(3x+2y)+(-x+11y)$

_____

9-1 $2(x-y)+3(-x+2y)$ _____

9-2 $4(-2x+y)+3(-5x-3y)$

_____

10-1 $-3(x-5y)+2(7x-y)$ _____

10-2 $2(-a-3b)+\dfrac{1}{3}(-6a-9b)$

_____

11-1 $\dfrac{1}{2}(4a-2b)+\dfrac{2}{3}(6a+3b)$

_____

11-2 $-\dfrac{3}{4}(2x+4y)+\dfrac{1}{2}(-x+2y)$

_____

핵심 체크

분배법칙을 이용하여 괄호를 푼다. ➡ $a(b+c)=ab+ac$

18 다항식의 뺄셈

다항식의 뺄셈 : 괄호를 풀고 동류항끼리 모아서 간단히 한다. 이때 빼는 식의 각 항의 부호를 바꾸어 더한다.

$(3a-2b)-(6a-4b)$ — 괄호를 푼다.
$=3a-2b-6a+4b$ — 동류항끼리 모은다.
$=3a-6a-2b+4b$ — 동류항끼리 계산한다.
$=-3a+2b$

○ 다음 식을 간단히 하시오.

1-1
$(3x+5y)-(x+2y)$
$=3x+5y-x-2y$
$=\boxed{}x+\boxed{}y$

1-2 $(5x+2y)-(2x-4y)$ _____

2-1 $(14a-9b)-(7a-10b)$ _____

2-2 $(4x-5y)-(3x-4y)$ _____

3-1 $(x+7y)-(4x-2y)$ _____

3-2 $(3a+4b)-(2a+6b)$ _____

4-1 $(3x+2y)-(x-6y)$ _____

4-2 $(-3x+y)-(-x+2y)$ _____

5-1 $(6a+4b-2)-(a-3b+5)$ _____

5-2 $(-2x-y-1)-(-4x+2y-5)$ _____

핵심 체크

괄호를 풀 때 괄호 앞의 부호가 −이면 괄호 안의 부호는 반대가 된다. ➡ $A-(B-C)=A-B+C$

○ 다음 식을 간단히 하시오.

6-1
$$(-3x+6y)-2(x-2y)$$
$$=-3x+6y-\boxed{}x+\boxed{}y$$
$$=\boxed{}$$

6-2 $(-4x+7y)-3(x+4y)$ _____

7-1 $4(3x-y)-5(-x+2y)$ _____

7-2 $2(a+3b)-3(a-2b)$ _____

8-1 $5(x-y)-2(-x+3y)$ _____

8-2 $(2x-3y)-2(-x-7y)$ _____

9-1 $\dfrac{1}{2}(4a-2b)-\dfrac{2}{3}(6a+3b)$

_____

9-2 $\dfrac{1}{3}(6x-9y)-\dfrac{1}{4}(-12x-8y)$

_____

10-1 $(3x-5y+6)-4(x-y+1)$

_____

10-2 $3(a+2b-3)-(2a-3b-5)$

_____

11-1 $3(2x+y-2)-2(2x+5y+1)$

_____

11-2 $2(4x-3y+1)-(x-5y+2)$

_____

핵심 체크

분배법칙을 이용하여 괄호를 푼다. ➡ $a(b+c+d)=ab+ac+ad$

19 계수가 분수인 다항식의 계산

계수가 분수인 다항식의 계산 : 분모의 최소공배수로 통분하여 간단히 한다.

$$\frac{x-y}{3} - \frac{3x+2y}{2}$$

$$= \frac{2(x-y)-3(3x+2y)}{6}$$ ← 분모의 최소공배수 6으로 통분한다.

$$= \frac{2x-2y-9x-6y}{6}$$ ← 분자의 괄호를 푼다.

$$= \frac{-7x-8y}{6} = -\frac{7}{6}x - \frac{4}{3}y$$ ← 동류항끼리 모아서 간단히 한다.

약분이 되는 경우는 꼭 약분해야 해!

○ 다음 식을 간단히 하시오.

1-1
$$\frac{5x+8y}{3} + \frac{3x-5y}{2}$$
$$= \frac{2(5x+8y)+\boxed{}(3x-5y)}{6}$$
$$= \frac{10x+16y+\boxed{}x-\boxed{}y}{6} = \boxed{}$$

1-2 $\dfrac{2x-y}{2} + \dfrac{x+3y}{4}$ _____

2-1 $\dfrac{x-2y}{3} + \dfrac{3x-4y}{5}$ _____

2-2 $\dfrac{5x+3y}{4} + \dfrac{x-2y}{2}$ _____

3-1 $\dfrac{x+y}{3} + \dfrac{x-2y}{4}$ _____

3-2 $\dfrac{4x-y}{2} + \dfrac{3x-2y}{5}$ _____

4-1 $\dfrac{3x-5y}{2} + \dfrac{4x+7y}{3}$ _____

4-2 $\dfrac{x-y}{4} + \dfrac{2x-y}{3}$ _____

핵심 체크

분모의 최소공배수로 통분할 때, 반드시 분자에 괄호를 한다.

○ 다음 식을 간단히 하시오.

5-1
$$\frac{x+2y}{3} - \frac{x-y}{4}$$
$$= \frac{4(x+2y) - \square(x-y)}{12}$$
$$= \frac{4x+8y - \square x + \square y}{12} = \boxed{}$$

5-2 $\dfrac{x+y}{2} - \dfrac{x+2y}{3}$

_____

6-1 $\dfrac{-x+3y}{4} - \dfrac{x+5y}{3}$

_____

6-2 $\dfrac{x+2y}{4} - \dfrac{x-5y}{6}$

_____

7-1 $\dfrac{x-2y}{5} - \dfrac{x-2y}{3}$

_____

7-2 $\dfrac{x-y}{4} - \dfrac{3x+y}{2}$

_____

8-1 $\dfrac{3x-2y}{3} - \dfrac{x-4y}{2}$

_____

8-2 $\dfrac{2x+y}{3} - \dfrac{3x-y}{4}$

_____

9-1 $\dfrac{2x+4y}{6} - \dfrac{x-3y}{4}$

_____

9-2 $\dfrac{4x-y}{3} - \dfrac{3x-y}{5}$

_____

핵심 체크

분자의 괄호를 풀 때 괄호 앞의 부호가 −이면 괄호 안의 부호는 반대가 된다.

2 식의 계산

기본연산 집중연습 | 17~19

○ 다음 식을 간단히 하시오.

1-1 $(2x-y)+(5x-3y)$

1-2 $(a-2b-3)+(6a-9b+4)$

1-3 $3(-x-5y)+(4x-3y)$

1-4 $(3x+7y)-(x+4y)$

1-5 $(3x-y-5)-(x+4y-2)$

1-6 $(-3x+5y)-3(x-2y)$

○ 다음 식을 간단히 하시오.

2-1 $\dfrac{a+b}{3}+\dfrac{2a-3b}{4}$

2-2 $\dfrac{4x+y}{2}+\dfrac{3x-2y}{5}$

2-3 $\dfrac{2x-3y}{3}+\dfrac{3x-y}{5}$

2-4 $\dfrac{2a+12b}{3}-\dfrac{5a-6b}{6}$

2-5 $\dfrac{3x+y}{2}-\dfrac{5x-y}{3}$

2-6 $\dfrac{x-4y}{6}-\dfrac{x-2y}{4}$

핵심 체크

❶ 계수가 분수인 다항식의 계산 ➡ 분모의 최소공배수로 통분하여 간단히 한다.

○ 빈칸에 알맞은 식을 써넣으시오.

3-1

3x+y	−4x−3y	
−x+4y	2x−y	

3-2

4x−y	−x+3y+5	
−x+5y−4	2x−5y	

3-3

2x−3y+2	−3x+5y−7	
−4x+5y−1	2(x−y−5)	

3-4

2x−y	4x+5y	
−x+4y	−5x−7y	

3-5

−2x+8y−3	6x−7y+1	
x+3y−2	3x−4y+1	

3-6

x−4y+3	−4x+y−1	
−3x+2y−4	2(x−7y+5)	

핵심 체크

❷ 다항식의 덧셈과 뺄셈 ➡ 괄호를 풀고 동류항끼리 모아서 간단히 한다.

이차식 : 다항식의 각 항의 차수 중 가장 큰 차수가 2인 다항식

예 다항식 $3x^2+4x-2$는 세 개의 항 $3x^2$, $4x$, -2의 합으로 이루어져 있고 차수가 가장 큰 항이 $3x^2$이므로 이 다항식의 차수는 2이다.

$$3x^2+4x-2 \Rightarrow x에 대한 이차식$$
2차   1차   상수항

○ 다음 다항식이 x에 대한 이차식이면 ○표, 이차식이 아니면 ×표를 하시오.

1-1 $4x^2-5x+3$　　　　（　　） **1-2** x^2-3　　　　（　　）

2-1 x^3-5x+1　　　　（　　） **2-2** $7-x$　　　　（　　）

3-1 $3x-2y$　　　　（　　） **3-2** $1-2x+3x^2$　　　　（　　）

4-1 $\dfrac{1}{x^2}$　　　　（　　） **4-2** $2x^2+5x-2x^2+3$　　　　（　　）

5-1 $3x^2+x-1-(4+3x^2)$　　　　（　　） **5-2** $\dfrac{x^2}{3}$　　　　（　　）

6-1 $x^3-(x^3-2x^2+1)$　　　　（　　） **6-2** $x-2y+1$　　　　（　　）

핵심 체크

주어진 다항식이 이차식인지 아닌지 판단할 때에는 식을 간단히 정리한 후에 결정한다.

21 이차식의 덧셈과 뺄셈

이차식의 덧셈과 뺄셈 : 괄호를 풀고 동류항끼리 모아서 간단히 한다. 이때 뺄셈은 빼는 식의 각 항의 부호를 바꾸어 더한다.

이차식의 덧셈

$(2x^2+3x-1)+(x^2-4)$
$=2x^2+3x-1+x^2-4$ ← 괄호를 푼다.
$=2x^2+x^2+3x-1-4$ ← 동류항끼리 모은다.
$=3x^2+3x-5$ ← 동류항끼리 계산한다.

이차식의 뺄셈

$(x^2-4x)-(2x^2-x+1)$
$=x^2-4x-2x^2+x-1$ ← 괄호를 푼다.
$=x^2-2x^2-4x+x-1$ ← 동류항끼리 모은다.
$=-x^2-3x-1$ ← 동류항끼리 계산한다.

○ 다음 식을 간단히 하시오.

1-1 $(2x^2-3x+5)+(-3x^2+5x-2)$

1-2 $(5x^2-3x-2)+(-2x^2-2x+7)$

2-1 $(2x^2-7)+(-x^2+5x+6)$

2-2 $2(x^2-2x)+(3x^2+4x-2)$

3-1 $(5x^2+x-7)+2(x^2-2x+2)$

3-2 $(2x^2+x-3)-(3x^2-5x+1)$

4-1 $(5x^2-2x+7)-(2x^2-2x-1)$

4-2 $(3x^2-4x)-(-x^2-3x+2)$

5-1 $(x-2x^2)-2(2x^2+3x+4)$

5-2 $4(2x^2-4x+1)-(x^2-2x+5)$

핵심 체크

이차식의 덧셈과 뺄셈을 할 때, 이차항은 이차항끼리, 일차항은 일차항끼리, 상수항은 상수항끼리 모아서 간단히 한다.

22 여러 가지 괄호가 있는 다항식의 계산

여러 가지 괄호가 있는 다항식의 계산 : (소괄호) ➡ {중괄호} ➡ [대괄호]의 순서로 괄호를 풀어 계산한다.

$$2a-\{6-(7a-6b)\}=2a-(6-7a+6b)$$
$$=2a-6+7a-6b$$
$$=9a-6b-6$$

○ 다음 식을 간단히 하시오.

1-1
$$2x+3y-\{x-(4x-y)\}$$
$$=2x+3y-(x-4x+\boxed{})$$
$$=2x+3y-(\boxed{}x+y)$$
$$=2x+3y+\boxed{}x-y=\boxed{}$$

1-2 $5a-\{4-(2a-3b)\}$ _____

2-1 $3x+y-\{x-(2y-x+1)\}$

_____

2-2 $5x-\{3x-2y-(2x+y)\}$

_____

3-1 $4x-\{2x-3y-(-5x-2y)\}$

_____

3-2 $2x^2-\{5x^2+x-(7x+5)\}$

_____

4-1 $-2x^2+2-\{3x^2-1-(5x^2+x)\}$

_____

4-2 $5x^2-2\{x^2-x-(-2x^2+x)\}$

_____

○ 다음 식을 간단히 하시오.

5-1
$$3a-[b-\{2a-(a-2b)\}]$$
$$=3a-\{b-(2a-a+\boxed{})\}$$
$$=3a-\{b-(\boxed{}+2b)\}$$
$$=3a-(b-a-\boxed{})$$
$$=3a-(-a-\boxed{})$$
$$=3a+\boxed{}+b=\boxed{}$$

5-2 $x-[y-\{x-(y+x)\}]$ _____

6-1 $4x-[3x-\{6x-(2y-5x)\}]$

_____

6-2 $7x-[2x+5y-\{3x-(2x-y)\}]$

_____

7-1 $3a-2b-[-2a-\{3a-2(a+b)\}]$

_____

7-2 $2x-[7y-2x-\{2x-(x-3y)\}]$

_____

8-1 $6x-[2x-\{x-5y-(3x-4y)\}]$

_____

8-2 $2x-[3x-\{2y-(5-6x)+7\}]$

_____

9-1 $x^2-[2x-\{3x^2-(4x-5)\}+6]$

_____

9-2 $3x^2-[x^2+6x-\{4x-(2x^2-5)\}]$

_____

핵심 체크

(소괄호) ➡ {중괄호} ➡ [대괄호]의 순서로 괄호를 푼다.

기본연산 집중연습 | 20~22

○ 다음 다항식이 x에 대한 이차식이면 ○표, 이차식이 아니면 ×표를 하시오.

1-1 x^2-1 ( )   **1-2** $3x-4y$ ( )

1-3 $\dfrac{2}{x^2}$ ( )   **1-4** $1-2x^2+3x$ ( )

1-5 $\dfrac{2}{3}x^2$ ( )   **1-6** $2x-7$ ( )

1-7 $3x^2+2x-1-(x+3x^2)$ ( )   **1-8** $x^3-(x^3-5x^2+3)$ ( )

○ 다음 식을 간단히 하시오.

2-1 $(x^2-6x+2)+(3x^2+5x-1)$ **2-2** $(7a^2-4a+5)+(2a^2+a-4)$

2-3 $3(-3x^2+5x-4)+(6x^2-7x-1)$ **2-4** $(5a^2+a-7)+2(a^2-2a+2)$

2-5 $(-x^2+6x+5)-(2x^2-x+7)$ **2-6** $(4x^2-3x+1)-(x^2-5x+2)$

2-7 $3(2a^2+3a-1)-(4a^2+6a-8)$ **2-8** $(5x^2-2x+4)-3(x^2-2x-1)$

핵심 체크

❶ 이차식 ➡ 다항식의 각 항의 차수 중 가장 큰 차수가 2인 다항식

❷ 이차식의 덧셈과 뺄셈 ➡ 괄호를 풀고 동류항끼리 모아서 간단히 한다.

○ 다음 식을 간단히 하시오.

3-1

$$4x-\{3y-(-2x+y)-3x\}$$

3-2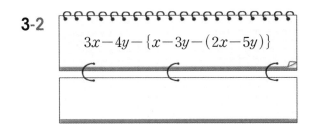

$$3x-4y-\{x-3y-(2x-5y)\}$$

3-3

$$5x-[3y-\{x-(-2x+y)\}]$$

3-4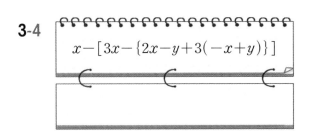

$$x-[3x-\{2x-y+3(-x+y)\}]$$

3-5

$$2x+3-\{3x^2-(1-7x)\}$$

3-6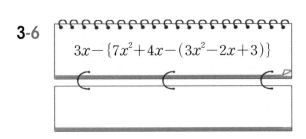

$$3x-\{7x^2+4x-(3x^2-2x+3)\}$$

3-7

$$x^2-3x-[1-\{3x^2-(4x-5)\}]$$

3-8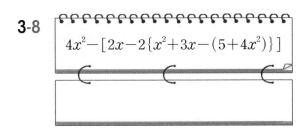

$$4x^2-[2x-2\{x^2+3x-(5+4x^2)\}]$$

핵심 체크

❸ 여러 가지 괄호가 있는 다항식은 (소괄호) ➡ {중괄호} ➡ [대괄호]의 순서로 괄호를 풀어 계산한다.

23 (단항식) × (다항식)

① 전개 : 단항식과 다항식의 곱을 하나의 다항식으로 나타내는 것

② 전개식 : 전개하여 얻은 다항식

③ 단항식과 다항식의 곱셈 : 분배법칙을 이용하여 단항식을 다항식의 각 항에 곱한다.

$$\overset{\text{전개}}{5x(x-2y)=\underset{\text{전개식}}{5x^2-10xy}}$$

예 $-2a(a-4b)=-2a\times a-(-2a)\times 4b=-2a^2+8ab$

$(xy-x)\times(-3y)=xy\times(-3y)-x\times(-3y)=-3xy^2+3xy$

○ 다음 식을 간단히 하시오.

1-1
$$2x(3x+y)=2x\times 3x+2x\times y$$
$$=\boxed{}+\boxed{}$$

1-2 $-5x(x-2y)$ _____

2-1 $\dfrac{1}{4}a(20a-8b)$ _____

2-2 $-\dfrac{2}{3}x(15x+9y)$ _____

3-1 $xy(x+y)$ _____

3-2 $-2ab(3a+4b)$ _____

4-1 $2a(3a-b+1)$ _____

4-2 $-2x(x+3y-2)$ _____

5-1 $-4x(2xy+3y-2)$ _____

5-2 $3ab(-a+2b-1)$ _____

핵심 체크

(단항식) × (다항식) ➡ 분배법칙을 이용하여 전개한 후 계산한다.

○ 다음 식을 간단히 하시오.

6-1
$(16x - 12y) \times \dfrac{1}{4}x$

$= 16x \times \dfrac{1}{4}x - 12y \times \dfrac{1}{4}x$

$= \boxed{} - \boxed{}$

6-2 $(2a + 3b) \times (-a)$ _____

7-1 $(x - 7y) \times 3x$ _____

7-2 $(3x - 2y) \times (-3x)$ _____

8-1 $(2x - 6y) \times \left(-\dfrac{1}{2}x\right)$ _____

8-2 $(15x - 10y) \times \dfrac{2}{5}x$ _____

9-1 $(9x + 6y) \times \left(-\dfrac{2}{3}x\right)$ _____

9-2 $(9ab + 15b) \times \dfrac{1}{3}b$ _____

10-1 $(x + 3y - 5) \times 2x$ _____

10-2 $(a - 3b + 5) \times b$ _____

11-1 $(a - 5b - 3) \times (-4a)$ _____

11-2 $(6a - 9b - 12) \times \left(-\dfrac{2}{3}a\right)$ _____

핵심 체크

(단항식) × (다항식)에서 음의 부호가 있는 경우에는 항상 주의해야 한다.

24 (다항식)÷(단항식)

[방법 1] 분수로 바꾸어 계산한다.

➡ $(A+B) \div C = \dfrac{A+B}{C} = \dfrac{A}{C} + \dfrac{B}{C}$

예) $(8x^2 + 4x) \div 2x = \dfrac{8x^2 + 4x}{2x}$

$\qquad = \dfrac{8x^2}{2x} + \dfrac{4x}{2x} = 4x + 2$

[방법 2] 역수의 곱셈으로 바꾸어 계산한다.

➡ $(A+B) \div C = (A+B) \times \dfrac{1}{C} = A \times \dfrac{1}{C} + B \times \dfrac{1}{C}$

예) $(8x^2 + 4x) \div 2x = (8x^2 + 4x) \times \dfrac{1}{2x}$

$\qquad = 8x^2 \times \dfrac{1}{2x} + 4x \times \dfrac{1}{2x} = 4x + 2$

○ 다음 식을 간단히 하시오.

1-1
$(16x^2 - 12xy) \div 2x = \dfrac{16x^2 - 12xy}{\boxed{}}$

$\qquad = \dfrac{16x^2}{2x} - \dfrac{12xy}{2x}$

$\qquad = \boxed{}$

1-2 $(15a^2 + 5a) \div 5a$ _____

2-1 $(-3x^2 + 6x) \div 3x$ _____

2-2 $(12x^2 - 6xy) \div (-6x)$ _____

3-1 $(6xy + 12y^2) \div 3y$ _____

3-2 $(8a^2 - 6ab) \div (-2a)$ _____

4-1 $(4x^2y - 6xy^2) \div (-2xy)$ _____

4-2 $(18x^4y^2 - 9x^2y) \div 3xy$ _____

5-1 $(16a^5b^3 + 8a^2b^3) \div (-4ab)$ _____

5-2 $(15a^4b + 3a^3b^2) \div (-3a^2b)$ _____

핵심 체크

나눗셈을 분수로 바꾸어 계산한다.

◯ 다음 식을 간단히 하시오.

6-1
$$(9x^2 - 3xy) \div \frac{3}{2}x$$
$$= (9x^2 - 3xy) \times \boxed{}$$
$$= 9x^2 \times \boxed{} - 3xy \times \boxed{}$$
$$= \boxed{}$$

6-2 $(2x^2 - 8x) \div \left(-\dfrac{x}{2}\right)$ _____

7-1 $(10x^2 - 2x) \div \dfrac{2}{3}x$ _____

7-2 $(2a^2 + ab) \div \left(-\dfrac{2}{3}a\right)$ _____

8-1 $(ab^3 - 2a^2b) \div \dfrac{1}{3}ab$ _____

8-2 $(x^2y + 2xy^2) \div \dfrac{3}{4}xy$ _____

9-1 $(2a^3b - 8ab^2) \div \left(-\dfrac{4}{5}ab\right)$ _____

9-2 $\left(3x^3y^2 - \dfrac{1}{2}x^2y^2\right) \div \dfrac{1}{2}xy$ _____

10-1 $\left(3a^2b^3 - \dfrac{1}{2}a^2b^2\right) \div \dfrac{1}{4}ab$ _____

10-2 $(4a^2b^3 - 6ab^2) \div \dfrac{1}{2}ab^2$ _____

핵심 체크

나누는 식을 역수의 곱셈으로 바꾸어 계산한다.

25 덧셈, 뺄셈, 곱셈, 나눗셈이 혼합된 식의 계산

❶ 지수법칙을 이용하여 거듭제곱을 먼저
정리한다.
❷ 괄호가 있으면 (소괄호) ➡ {중괄호}
➡ [대괄호]의 순서로 괄호를 푼다.
❸ 곱셈, 나눗셈을 계산한다.
❹ 동류항끼리 덧셈, 뺄셈을 계산한다.

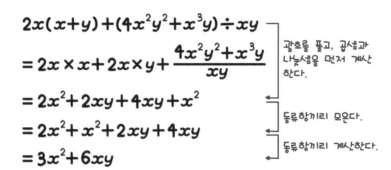

$2x(x+y)+(4x^2y^2+x^3y)\div xy$

$= 2x \times x + 2x \times y + \dfrac{4x^2y^2+x^3y}{xy}$

$= 2x^2+2xy+4xy+x^2$

$= 2x^2+x^2+2xy+4xy$

$= 3x^2+6xy$

괄호를 풀고, 곱셈과
나눗셈을 먼저 계산
한다.

동류항끼리 모은다.

동류항끼리 계산한다.

○ 다음 식을 간단히 하시오.

1-1

$2x(5x+y)-3x(4x-2y)$

$=10x^2+\boxed{}-\boxed{}+6xy$

$=\boxed{}$

1-2 $2x(x+4)-x(3x-2)$ _____

2-1 $\dfrac{1}{3}x(12x-6y)+(x-y)\times(-2x)$

_____

2-2 $\left(x+\dfrac{2}{3}y\right)\times(-3x)+6x(y-2x)$

_____

3-1

$(3x-12y)\div 3-(6x^2-8xy)\div 2x$

$=\dfrac{3x-12y}{3}-\dfrac{6x^2-8xy}{2x}$

$=x-4y-(\boxed{})$

$=x-4y-3x+\boxed{}$

$=\boxed{}$

3-2 $(6x^2-9xy)\div 3x-(4xy-10y^2)\div 2y$

_____

4-1 $(4a^3-6a^2b)\div 2a-(9b^3+6ab^2)\div 3b$

_____

4-2 $(12x^2y-9xy^2)\div 3xy+(16x^2-8x)\div(-4x)$

_____

핵심 체크

덧셈, 뺄셈, 곱셈, 나눗셈이 혼합된 식의 계산 순서

① 거듭제곱 ➡ ② 괄호 풀기 ➡ ③ ×, ÷ 계산 ➡ ④ +, − 계산

○ 다음 식을 간단히 하시오.

5-1 $\dfrac{5x^2+3xy}{x}-\dfrac{3xy-4y^2}{y}$ _____

5-2 $\dfrac{12x^2-8xy}{4x}-\dfrac{12x^2y+9xy^2}{3xy}$

_____

6-1 $\dfrac{9a^2-6ab}{3a}-\dfrac{28a^2+14ab}{7a}$

_____

6-2 $\dfrac{16a^2+8a^2b}{a}+\dfrac{5a^3b-3a^2b^2}{ab}$

_____

7-1

$(6x^2y+9xy)\div\dfrac{3}{4}y-4x(2x+6)$

$=(6x^2y+9xy)\times\boxed{}-4x(2x+6)$

$=\boxed{}+\boxed{}-8x^2-24x$

$=\boxed{}$

7-2 $y(3x-2y)+(24y^3-18xy^2)\div6y$

_____

8-1 $(8x^3y^2-4x^2y^3)\div2xy+xy(2x+y)$

_____

8-2 $-5x(3x+2y)-(3x^3y-4x^2y^2)\div(-xy)$

_____

9-1 $3a\left(3a-\dfrac{4}{3}b\right)+(2a^2b-6ab^2)\div2b$

_____

9-2 $(6x^3y-3x^2y^2)\div\dfrac{3}{2}xy+4x(x-5y)$

_____

핵심 체크

분배법칙을 이용하여 괄호를 푼다.

기본연산 집중연습 | 23~25

○ 다음 식을 간단히 하시오.

1-1 $4a(2a+3b)$

1-2 $\frac{1}{3}x(9x-3y)$

1-3 $ab(2a+3b)$

1-4 $3x(x-2y-1)$

1-5 $-5a(2a-3b-c)$

1-6 $(7x-6y)\times(-2y)$

1-7 $(3ab-4b^2)\times7ab$

1-8 $(2x-4y+3)\times(-5x)$

○ 다음 식을 간단히 하시오.

2-1 $(12a^2-3a)\div3a$

2-2 $(6x^2-4xy)\div(-2x)$

2-3 $(25a^2+5ab)\div5a$

2-4 $(9x^2y-6xy^2)\div3xy$

2-5 $(6a^2-9a)\div\frac{3}{4}a$

2-6 $(5x^2+10xy)\div\left(-\frac{5}{7}x\right)$

2-7 $(8a^2b-4ab)\div\frac{4}{3}a$

2-8 $(18x^2y-12xy^2)\div\frac{6}{5}xy$

> **핵심 체크**
>
> ❶ (단항식)×(다항식) ➡ 분배법칙을 이용하여 전개한다.
> ❷ (다항식)÷(단항식) ➡ 분수로 바꾸거나 역수의 곱셈으로 바꾸어 계산한다.

○ 다음 식을 간단히 하시오.

3-1 $2x(3x+y)-3x(5x-2y)$

3-2 $-4a(a-2b)+3a(2a-5b)$

3-3 $5x(-2x+y)-4x(x-2y)$

3-4 $(8x^2-6xy)\div 2x-(7xy+14y^2)\div 7y$

3-5 $(x^2y-3xy)\div(-x)+(4xy^2-6y^3)\div 2y^2$

3-6 $(-3y+2)\div\dfrac{1}{3x}+(15x^2-10x^2y)\div(-5x)$

3-7 $\dfrac{24x^2-9xy}{3x}-\dfrac{15xy-10y^2}{5y}$

3-8 $\dfrac{8x^2-6xy}{2x}-\dfrac{7x^2y+14xy^2}{7xy}$

3-9 $4x(x-y)-(2x^2y^2+x^3y)\div\dfrac{1}{3}xy$

3-10 $(2x^2-4x)\div\left(-\dfrac{2}{3}x\right)+5x(x-1)$

핵심 체크

❸ 덧셈, 뺄셈, 곱셈, 나눗셈이 혼합된 식은 거듭제곱 ➡ 괄호 ➡ 곱셈, 나눗셈 ➡ 덧셈, 뺄셈의 순서로 계산한다.

기본연산 테스트

1 다음 식을 간단히 하시오.

(1) $a^2 \times a^3$

(2) $\left(a^3\right)^4$

(3) $a^8 \div a^2$

(4) $a^4 \div a^4$

(5) $x^3 \div x^9$

(6) $\left(a^2 b^3\right)^4$

(7) $\left(\dfrac{x^5}{y^3}\right)^2$

2 다음 ☐ 안에 알맞은 수를 구하시오.

(1) $a^{\square} \times a^4 = a^7$

(2) $a^5 \div a^{\square} = \dfrac{1}{a^3}$

(3) $\left(x^{\square} y^3\right)^2 = x^{12} y^6$

(4) $\left(x^2 y^{\square}\right)^3 = x^6 y^{15}$

(5) $\left(\dfrac{a^2}{b^{\square}}\right)^4 = \dfrac{a^8}{b^{16}}$

3 다음 식을 간단히 하시오.

(1) $3x^2 \times 6xy$

(2) $2x \times (-3y)^3$

(3) $(-2x)^3 \times 5xy^2$

(4) $(-2x^2 y)^2 \times (-3xy^2)$

(5) $-3x^2 \times \left(-\dfrac{3}{2}y\right)^2 \times \dfrac{4}{3}x^3 y^2$

(6) $9a^2 b^5 \div \dfrac{3}{4}ab$

(7) $(2xy)^3 \div (-4x^2 y^4)$

(8) $(-12x^3 y)^2 \div 3xy$

(9) $(-6x^3 y)^2 \div 4x^5 y \times xy^2$

(10) $3x^2 y \times (-2xy)^3 \div (-x^2 y^3)$

4 $(-4x^3)^2 \times 2xy^3 \div \boxed{} = 8x^3 y$일 때, ☐ 안에 알맞은 식을 구하시오.

5 다음 다항식이 x에 대한 이차식이면 ○표, 이차식이 아니면 ×표를 하시오.

(1) x^2-x+4　　　　　　(　)

(2) $4x-2y-7$　　　　　　(　)

(3) $3x-2x^2+5$　　　　　(　)

(4) $x^2-x(x+1)-2$　　　(　)

(5) $2x^2-x(x+3)$　　　　(　)

6 다음 식을 간단히 하시오.

(1) $(5a+3b)+(2a-2b)$

(2) $(2x-11y+3)+3(x+5y+1)$

(3) $(2a+3b)-(3a-4b)$

(4) $-2(x-4y+7)-(3x+y-6)$

(5) $\dfrac{x+5y}{4}+\dfrac{2x-y}{6}$

(6) $\dfrac{x-2y}{3}-\dfrac{x-3y}{2}$

7 다음 식을 간단히 하시오.

(1) $3(x^2-x+1)+(x^2+5x-7)$

(2) $4(2x^2-4x+1)-2(x^2-2x+5)$

(3) $5x-[3x-\{x-7y-(5x+4y)\}]$

(4) $-3x^2+2-\{5x^2-1-(2x^2+x)\}$

8 다음 식을 간단히 하시오.

(1) $x(6x-3)$

(2) $-3x(-2x+3y-4)$

(3) $(12x^2+4x)\div(-4x)$

(4) $(9x^2-6x)\div\dfrac{3}{2}x$

(5) $2(x+4)+x(3x-2)$

(6) $\dfrac{20x^2-5xy}{5x}-\dfrac{16xy-8y^2}{-4y}$

(7) $(15x^2-6xy)\div 3x-(20xy-35y^2)\times\dfrac{1}{5y}$

2

식
의
계
산

핵심 체크

❸ 다항식의 덧셈과 뺄셈 ➡ 괄호를 풀고 동류항끼리 모아서 간단히 한다.

❹ 단항식과 다항식의 곱셈 ➡ 분배법칙을 이용하여 전개한다.

❺ 다항식과 단항식의 나눗셈 ➡ 분수로 바꾸거나 역수의 곱셈으로 바꾸어 계산한다.

| 빅터 연산 **공부 계획표** |

3

부등식

오른쪽 그림은 고속 도로에서 흔히 볼 수 있는 교통 표지판이다.
〈그림 1〉은 자동차의 속력을 **시속 50 km 이상**,
〈그림 2〉는 자동차의 속력을 **시속 100 km 이하**로 하여
운전하라는 뜻이다. 즉 이 고속 도로를 달리는 자동차의 속력을
시속 x km라 할 때, 부등식 $50 \leq x \leq 100$을 만족해야
한다.

내가 보이면 시속 50 km
이상으로 달려야 해.

내가 보이면 시속 100 km
이하로 달려야 해.

50

100

〈그림 1〉　　〈그림 2〉

01 부등식

정답과 해설 | 31쪽

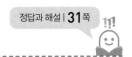

부등식 : 부등호 $>$, $<$, $\geq$, $\leq$를 사용하여 수 또는 식의 대소 관계를 나타낸 식

예 $3<5$, $x \geq -2$, $2x-1 \leq 3$ ➡ 부등식

　　$2x-1$, $x+1=0$ ➡ 부등식이 아니다.

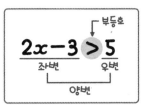

○ 다음 중 부등식인 것에는 ○표, 부등식이 아닌 것에는 ×표를 하시오.

1-1 $3x \geq 5x-1$　　　　(　)　　**1-2** $3x+1$　　　　　　(　)

2-1 $2x-1=0$　　　　(　)　　**2-2** $7<10$　　　　　　(　)

3-1 $2x+y-11$　　　　(　)　　**3-2** $x-3>2$　　　　　(　)

4-1 $2x<-3$　　　　(　)　　**4-2** $-2x^2+x-1$　　　(　)

5-1 $1-3x=-3x+1$　　　　(　)　　**5-2** $x \leq 5$　　　　　(　)

6-1 $20+3x>5x-2$　　　　(　)　　**6-2** $y=4x+5$　　　　(　)

> **핵심 체크**
>
> 부등식은 부등호 $>$, $<$, $\geq$, $\leq$를 사용하여 수 또는 식의 대소 관계를 나타낸 식이다.

02 부등식의 표현 Feedback

$a > b$	$a < b$	$a \geq b$	$a \leq b$
a는 b보다 크다. a는 b 초과이다.	a는 b보다 작다. a는 b 미만이다.	a는 b보다 크거나 같다. a는 b보다 작지 않다. a는 b 이상이다.	a는 b보다 작거나 같다. a는 b보다 크지 않다. a는 b 이하이다.

○ 다음 문장을 부등식으로 나타내시오.

1-1 x는 5보다 작지 않다.

➡ $x \,\square\, 5$

1-2 x는 3보다 작다. _____

2-1 x는 9 이하이다. _____

2-2 x는 -2보다 크다. _____

3-1 x는 7 미만이다. _____

3-2 x는 -4보다 크지 않다. _____

4-1 x는 -1보다 크거나 같다. _____

4-2 x는 10보다 작거나 같다. _____

5-1 x는 -6 초과이다. _____

5-2 x는 8 이상이다. _____

핵심 체크

• $a \geq b \Rightarrow a > b$ 또는 $a = b$

• $a \leq b \Rightarrow a < b$ 또는 $a = b$

03 문장을 부등식으로 나타내기

① x에서 1을 뺀 수는 4 이상이다.
$$x-1 \geq 4$$

② 한 개에 x원인 복숭아 8개의 가격은 7000원 미만이다.
$$8x < 7000$$

○ 다음 문장을 부등식으로 나타내시오.

1-1 x를 7로 나눈 수는 / 15보다 / 작다.
➡ $x \div 7 \boxed{\phantom{<}} 15$

1-2 x에서 5를 빼면 10보다 크다.

_____

2-1 x의 2배는 10보다 작지 않다.

_____

2-2 25에서 x를 빼면 5보다 크지 않다.

_____

3-1 x의 2배는 x에 7을 더한 수보다 크거나 같다.

_____

3-2 x의 3배에서 1을 뺀 수는 10 이하이다.

_____

4-1 10에 x의 3배를 더한 수는 17 미만이다.

_____

4-2 x에서 3을 뺀 수에 7을 곱한 수는 x의 4배보다 작거나 같다.

_____

핵심 체크

문장을 부등식으로 나타낼 때에는 주어진 문장에서 대소 관계를 의미하는 말을 찾아 부등호를 사용하여 나타낸다.

○ 다음 문장을 부등식으로 나타내시오.

5-1 한 개에 800원인 아이스크림 x개의 가격은 7000원 초과이다.

_____

5-2 한 권에 x원인 공책 10권의 가격은 12000원을 넘지 않는다.

_____

6-1 500원짜리 스티커 3장과 1000원짜리 스티커 x장의 가격은 10000원 미만이다.

_____

6-2 전체 학생이 40명이고 여학생이 x명일 때 남학생은 20명보다 많거나 같다.

_____

7-1 지우의 15년 후의 나이는 현재 나이 x살의 2배보다 작거나 같다.

_____

7-2 키가 x cm인 지우가 8 cm 더 자라면 지우의 키는 120 cm 이상이다.

_____

8-1 밑변의 길이가 x, 높이가 8인 삼각형의 넓이는 10보다 작지 않다.

_____

8-2 가로의 길이가 6, 세로의 길이가 x인 직사각형의 넓이는 30 초과이다.

_____

9-1 시속 8 km로 x시간 동안 간 거리는 5 km 이하이다.

_____

9-2 x km의 거리를 시속 40 km로 달리면 2시간보다 적게 걸린다.

_____

핵심 체크

(거리) $=$ (속력) $\times$ (시간), (속력) $= \dfrac{(거리)}{(시간)}$, (시간) $= \dfrac{(거리)}{(속력)}$

04 부등식의 해

부등식의 해 : 부등식을 참이 되게 하는 미지수의 값

예 부등식 $2x-3>5$에 대하여

$x=5$일 때, $2\times5-3>5$이므로 참이 된다. ➡ $x=5$는 부등식 $2x-3>5$의 해이다.

$x=2$일 때, $2\times2-3<5$이므로 거짓이 된다. ➡ $x=2$는 부등식 $2x-3>5$의 해가 아니다.

○ 다음 중 $x=3$이 주어진 부등식의 해이면 ○표, 해가 아니면 ×표를 하시오.

1-1 $2x\geq-1$　　　　(　)

1-2 $x+2\leq-1$　　　　(　)

2-1 $3x<x-1$　　　　(　)

2-2 $x>-3x+2$　　　　(　)

○ 다음 중 [ ] 안의 수가 주어진 부등식의 해이면 ○표, 해가 아니면 ×표를 하시오.

3-1
> $2x-1<3$ [2]
> ➡ $x=2$를 부등식에 대입하면
> $2\times2-1<3$ (거짓)　　(　)

3-2 $3-x\geq4$ [-2]　　　　(　)

4-1 $2x-5>-4$ [1]　　　　(　)

4-2 $4-2x\leq-3$ [3]　　　　(　)

5-1 $1-2x>5$ [-3]　　　　(　)

5-2 $3x+1\leq5$ [2]　　　　(　)

핵심 체크

$x=a$를 부등식에 대입하였을 때 ┌ 부등식이 참 ➡ $x=a$는 부등식의 해이다.
　　　　　　　　　　　　　　└ 부등식이 거짓 ➡ $x=a$는 부등식의 해가 아니다.

05 부등식을 푼다

부등식을 푼다 : 부등식의 해를 모두 구하는 것

예 x의 값이 $-1, 0, 1, 2$일 때, 부등식 $3x+4 \geq 7$의 해를 구하시오.

x의 값	좌변	부등호	우변	참, 거짓 판별
-1	$3 \times (-1)+4=1$	$<$	7	거짓
0	$3 \times 0+4=4$	$<$	7	거짓
1	$3 \times 1+4=7$	$=$	7	참
2	$3 \times 2+4=10$	$>$	7	참

↳ $\geq$는 $>$ 또는 $=$이므로 $=$도 참이 된다.

따라서 부등식 $3x+4 \geq 7$의 해는 $1, 2$이다.

○ x의 값이 $-2, -1, 0, 1, 2$일 때, 주어진 부등식의 해를 구하려고 한다. 다음 표를 완성하고 부등식의 해를 구하시오.

1-1 $3x-2 > -5$

x의 값	좌변	부등호	우변	참, 거짓 판별
-2	$3 \times (-2)-2=-8$	$<$	-5	
-1	$3 \times (-1)-2=-5$		-5	거짓
0			-5	
1			-5	
2	$3 \times 2-2=4$	$>$	-5	

_____

1-2 $4x-3 \leq 1$

x의 값	좌변	부등호	우변	참, 거짓 판별
-2	$4 \times (-2)-3=-11$	$<$	1	참
-1			1	
0	$4 \times 0-3=-3$	$<$	1	
1			1	
2	$4 \times 2-3=5$		1	

_____

○ x의 값이 $2, 3, 4, 5$일 때, 다음 부등식의 해를 구하시오.

2-1 $6-x > 2$ _____

2-2 $2x+3 \leq 11$ _____

3-1 $4x-14 \geq 2$ _____

3-2 $7-x < 5x-5$ _____

핵심 체크

$x=a$가 부등식의 해이다. ➡ $x=a$를 부등식에 대입하면 부등식이 참이 된다.

3 부등식

기본연산 집중연습 | 01~05

○ 다음 중 부등식인 것에는 ○표, 부등식이 아닌 것에는 ×표를 하시오.

1-1 $3x-4\leq 0$ (   )   **1-2** $x+5=9$ (   )

1-3 $x+3y+1$ (   )   **1-4** $-2>3$ (   )

1-5 $4x+3\geq x$ (   )   **1-6** $y=2x+1$ (   )

1-7 $3-4x$ (   )   **1-8** $2x<0$ (   )

○ 다음 문장을 부등식으로 나타내시오.

2-1 x는 4보다 크지 않다.   **2-2** x의 2배는 10 초과이다.

2-3 x의 4배에서 3을 뺀 수는 -5보다 작지 않다.   **2-4** x의 3배에 1을 더한 수는 x의 2배보다 크다.

2-5 x에서 6을 뺀 수에 3을 곱한 수는 x의 7배보다 작다.   **2-6**   4개에 x원 하는 배 5개의 가격은 4000원을 넘지 않는다.

> **핵심 체크**
>
> ❶ (크지 않다.) = (작거나 같다.) = (이하이다.)   ⋮   ❷ (작지 않다.) = (크거나 같다.) = (이상이다.)

3. 현성이는 친구들과 함께 동물원에 갔다. 동물원의 안내도가 다음과 같을 때, 입구에서 시작하여 $x=1$이 부등식의 해인 곳만 들러 출구까지 가려고 한다. 이때 현성이와 친구들이 들르게 되는 곳을 모두 말하시오.

〈사자관〉
$2x+3<x+5$

〈원숭이관〉
$x-3\geq4x-3$

〈기린관〉
$2x+1<9$

〈코끼리관〉
$x+1>3x-1$

〈호랑이관〉
$15-3x\geq3$

〈여우관〉
$5x+2(5-x)\leq1$

〈타조관〉
$3x-2>2x+1$

〈너구리관〉
$0.7x+0.5\leq0.2x+1$

〈사슴관〉
$\dfrac{x+1}{2}+\dfrac{x}{3}<\dfrac{1}{3}$

입구

출구

핵심 체크

❸ $x=a$가 부등식의 해이다. ➡ $x=a$를 부등식에 대입하면 부등식이 참이 된다.

06 부등식의 성질 (1)

부등식의 양변에
① 같은 수를 더하거나 빼어도 부등호의 방향은 바뀌지 않는다.

➡ $a<b$일 때, $a+c<b+c$, $a-c<b-c$

② 같은 양수를 곱하거나 나누어도 부등호의 방향은 바뀌지 않는다.

➡ $a<b$일 때, $c>0$이면 $ac<bc$, $\dfrac{a}{c}<\dfrac{b}{c}$

③ 같은 음수를 곱하거나 나누면 부등호의 방향이 바뀐다.

➡ $a<b$일 때, $c<0$이면 $ac>bc$, $\dfrac{a}{c}>\dfrac{b}{c}$

○ $a\leq b$일 때, 다음 □ 안에 알맞은 부등호를 써넣으시오.

1-1 $a+2 \;\square\; b+2$

1-2 $a-1 \;\square\; b-1$

2-1 $3a \;\square\; 3b$

2-2 $-\dfrac{a}{5} \;\square\; -\dfrac{b}{5}$

3-1 $2a+1 \;\square\; 2b+1$

3-2 $\dfrac{a}{7}-3 \;\square\; \dfrac{b}{7}-3$

4-1

$$-3a-2 \;\square\; -3b-2$$
➡
$$a\leq b$$
$$-3a \;\square\; -3b \quad \text{양변에 } -3\text{을 곱한다.}$$
$$\therefore -3a-2 \;\square\; -3b-2 \quad \text{양변에서 2를 뺀다.}$$

4-2 $-\dfrac{2}{5}a+1 \;\square\; -\dfrac{2}{5}b+1$

5-1 $5(a-1) \;\square\; 5(b-1)$

5-2 $-(a+6) \;\square\; -(b+6)$

핵심 체크

부등식의 양변에 같은 음수를 곱하거나 나누면 부등호의 방향이 바뀜에 주의한다.

○ $a > b$일 때, 다음 □ 안에 알맞은 부등호를 써넣으시오.

6-1 $a + (-3) \ \square \ b + (-3)$

6-2 $a - (-8) \ \square \ b - (-8)$

7-1 $-5a \ \square \ -5b$

7-2 $\dfrac{a}{2} \ \square \ \dfrac{b}{2}$

8-1 $7a - 3 \ \square \ 7b - 3$

8-2 $2 + 3a \ \square \ 2 + 3b$

9-1 $-2a + 1 \ \square \ -2b + 1$

9-2 $-3a - 6 \ \square \ -3b - 6$

10-1 $8 - 7a \ \square \ 8 - 7b$

10-2 $5 - \dfrac{a}{4} \ \square \ 5 - \dfrac{b}{4}$

11-1 $2(a+1) \ \square \ 2(b+1)$

11-2 $-(a-3) \ \square \ -(b-3)$

> **핵심 체크**
>
> 부등식의 성질은 부등호가 $<$일 때뿐만 아니라 $>$, $\leq$, $\geq$일 때에도 모두 성립한다.

07 부등식의 성질 (2)

$2a+1>2b+1$이면 $a\boxed{}b$이다.

➡ $2a+1 > 2b+1$ ┐ 양변에서 1을 뺀다.
   $2a > 2b$ ┘
   ∴ $a > b$ ← 양변을 2로 나눈다.

○ 다음 ☐ 안에 알맞은 부등호를 써넣으시오.

1-1 $a+2>b+2$이면 $a\boxed{}b$이다.

1-2 $a-\dfrac{1}{2}\leq b-\dfrac{1}{2}$이면 $a\boxed{}b$이다.

2-1 $8a\geq 8b$이면 $a\boxed{}b$이다.

2-2 $\dfrac{a}{10}<\dfrac{b}{10}$이면 $a\boxed{}b$이다.

3-1 $5a+3\leq 5b+3$이면 $a\boxed{}b$이다.

3-2 $4a-13\geq 4b-13$이면 $a\boxed{}b$이다.

4-1 $\dfrac{1}{7}a-4<\dfrac{1}{7}b-4$이면 $a\boxed{}b$이다.

4-2 $6+\dfrac{1}{3}a>6+\dfrac{1}{3}b$이면 $a\boxed{}b$이다.

5-1 $\dfrac{a-1}{2}>\dfrac{b-1}{2}$이면 $a\boxed{}b$이다.

5-2 $9(a+1)\leq 9(b+1)$이면 $a\boxed{}b$이다.

핵심 체크

- $a<b$일 때, $a+c<b+c$, $a-c<b-c$

- $a<b$일 때, $c>0$이면 $ac<bc$, $\dfrac{a}{c}<\dfrac{b}{c}$

○ 다음 □ 안에 알맞은 부등호를 써넣으시오.

6-1 $-2a > -2b$이면 $a \boxed{} b$이다.

6-2 $-\dfrac{a}{4} \leq -\dfrac{b}{4}$이면 $a \boxed{} b$이다.

7-1
$-4a + 5 < -4b + 5$이면 $a \boxed{} b$이다.

➡ $-4a + 5 < -4b + 5$ 양변에서 5를 뺀다.

    $-4a \boxed{} -4b$ 양변을 -4로 나눈다.

    $\therefore a \boxed{} b$

7-2 $-a + 1 > -b + 1$이면 $a \boxed{} b$이다.

8-1 $3 - 5a > 3 - 5b$이면 $a \boxed{} b$이다.

8-2 $-\dfrac{1}{6}a - \dfrac{1}{3} < -\dfrac{1}{6}b - \dfrac{1}{3}$이면 $a \boxed{} b$이다.

9-1 $-\dfrac{2}{3}a + 2 \geq -\dfrac{2}{3}b + 2$이면 $a \boxed{} b$이다.

9-2 $-(a-1) < -(b-1)$이면 $a \boxed{} b$이다.

10-1 $5a + 1 \leq 5b + 1$이면 $-a \boxed{} -b$이다.

10-2 $\dfrac{a}{4} - 1 > \dfrac{b}{4} - 1$이면 $-a \boxed{} -b$이다.

11-1 $-3a + 1 \geq -3b + 1$이면 $2a \boxed{} 2b$이다.

11-2 $-2a + 1 < -2b + 1$이면 $3a \boxed{} 3b$이다.

핵심 체크

$a < b$일 때, $c < 0$이면 $ac > bc$, $\dfrac{a}{c} > \dfrac{b}{c}$

08 식의 값의 범위 (1)

$$x \leq 2$$
$$-2x \geq 2 \times (-2)$$
$$-2x+3 \geq 2 \times (-2)+3$$
$$\therefore -2x+3 \geq -1$$

양변에 -2를 곱한다.

양변에 3을 더한다.

○ 다음과 같이 x의 값의 범위가 주어졌을 때, 식의 값의 범위를 구하시오.

1-1 $x \geq 2$일 때, $x+2$의 값의 범위

1-2 $x < -1$일 때, $x-4$의 값의 범위

2-1 $x \leq -2$일 때, $3x+3$의 값의 범위

2-2 $x < 3$일 때, $5x+2$의 값의 범위

3-1 $x > 1$일 때, $2x-5$의 값의 범위

3-2 $x \leq -3$일 때, $4x-1$의 값의 범위

4-1 $x \geq -5$일 때, $\dfrac{1}{5}x-3$의 값의 범위

4-2 $x > 4$일 때, $\dfrac{3}{2}x-1$의 값의 범위

핵심 체크

x의 값의 범위가 주어졌을 때, $ax+b$의 값의 범위 구하기

① 양변에 a를 곱하여 ax의 값의 범위를 구한다. ➡ ② 양변에 b를 더하여 $ax+b$의 값의 범위를 구한다.

○ 다음과 같이 x의 값의 범위가 주어졌을 때, 식의 값의 범위를 구하시오.

5-1

> $x>2$일 때, $-3x+5$의 값의 범위
>
> ➡ $\quad x>2$
>
> $\qquad -3x \boxed{\phantom{<}} -6$ 양변에 -3을 곱한다.
>
> $\therefore \; -3x+5 \boxed{\phantom{<}} -1$ 양변에 5를 더한다.

5-2 $\;x \geq -7$일 때, $-x-2$의 값의 범위

_____

6-1 $\;x \leq -3$일 때, $-5x+2$의 값의 범위

_____

6-2 $\;x < 5$일 때, $-2x+3$의 값의 범위

_____

7-1 $\;x < 1$일 때, $-4x+1$의 값의 범위

_____

7-2 $\;x > -9$일 때, $7-2x$의 값의 범위

_____

8-1 $\;x \leq -4$일 때, $-\dfrac{1}{2}x+5$의 값의 범위

_____

8-2 $\;x \geq 10$일 때, $-\dfrac{3}{5}x-1$의 값의 범위

_____

핵심 체크

부등식의 양변에 같은 음수를 곱하거나 나누면 부등호의 방향이 바뀐다.

09 식의 값의 범위 (2)

$$-1 \quad < \quad x \quad < \quad 3$$
$$-1 \times (-2) \;\boxed{>}\; -2x \;\boxed{>}\; 3 \times (-2) \qquad \text{각 변에 } -2\text{를 곱한다.}$$

부등호의 방향이 바뀐다.

$$-6 \quad < \quad -2x \quad < \quad 2$$
$$-6+7 \quad < \quad -2x+7 \quad < \quad 2+7 \qquad \text{각 변에 } 7\text{을 더한다.}$$
$$\therefore 1 \quad < \quad -2x+7 \quad < \quad 9$$

○ 다음과 같이 x의 값의 범위가 주어졌을 때, 식의 값의 범위를 구하시오.

1-1 $-3 \le x < 1$일 때, $2x+2$의 값의 범위

① $2x$의 값의 범위 구하기

$$-3 \le x < 1$$
$$-3 \times 2 \le 2x < 1 \times 2 \qquad \text{각 변에 2를 곱한다.}$$
$$\therefore \underline{}$$

② $2x+2$의 값의 범위 구하기

$$\boxed{} \le 2x < \boxed{}$$
$$\boxed{}+2 \le 2x+2 < \boxed{}+2 \qquad \text{각 변에 2를 더한다.}$$
$$\therefore \underline{}$$

1-2 $-1 \le x \le 3$일 때, $4x-1$의 값의 범위

2-1 $-2 < x \le 4$일 때, $3+5x$의 값의 범위

2-2 $-1 < x < 1$일 때, $3x-7$의 값의 범위

3-1 $0 \le x < 4$일 때, $\dfrac{1}{2}x+1$의 값의 범위

3-2 $-3 < x \le 3$일 때, $\dfrac{1}{3}x-2$의 값의 범위

> **핵심 체크**
>
> x의 값의 범위가 $p < x \le q$일 때, $ax+b$(단, $a>0$)의 값의 범위는
>
> $ap < ax \le aq \Rightarrow ap+b < ax+b \le aq+b$의 순서로 구하면 된다. 이때 부등호의 방향은 바뀌지 않는다.

○ 다음과 같이 x의 값의 범위가 주어졌을 때, 식의 값의 범위를 구하시오.

4-1

$-4 \leq x < \dfrac{1}{3}$일 때, $-3x+1$의 값의 범위

① $-3x$의 값의 범위 구하기

$$-4 \leq \quad x \quad < \dfrac{1}{3}$$

$$-4 \times (-3) \geq -3x > \dfrac{1}{3} \times (-3)$$

각 변에 -3을 곱한다.

∴ ＿＿＿＿＿＿＿＿

② $-3x+1$의 값의 범위 구하기

$$\boxed{} < \quad -3x \quad \leq \boxed{}$$

$$\boxed{}+1 < -3x+1 \leq \boxed{}+1$$

각 변에 1을 더한다.

∴ ＿＿＿＿＿＿＿＿

4-2 $-3 \leq x \leq 1$일 때, $-x+2$의 값의 범위

＿＿＿＿＿＿＿＿

5-1 $-2 < x < 1$일 때, $-4x+5$의 값의 범위

＿＿＿＿＿＿＿＿

5-2 $-4 < x \leq 1$일 때, $-2x-4$의 값의 범위

＿＿＿＿＿＿＿＿

6-1 $-2 \leq x < 3$일 때, $3-2x$의 값의 범위

＿＿＿＿＿＿＿＿

6-2 $1 \leq x \leq 4$일 때, $2-5x$의 값의 범위

＿＿＿＿＿＿＿＿

7-1 $-6 < x < 3$일 때, $-\dfrac{2}{3}x-3$의 값의 범위

＿＿＿＿＿＿＿＿

7-2 $-2 < x \leq 2$일 때, $-\dfrac{1}{2}x+2$의 값의 범위

＿＿＿＿＿＿＿＿

핵심 체크

x의 값의 범위가 $p < x \leq q$일 때, $ax+b$(단, $a<0$)의 값의 범위는

$ap > ax \geq aq$ ➡ $aq \leq ax < ap$ ➡ $aq+b \leq ax+b < ap+b$의 순서로 구하면 된다. 이때 부등호의 방향이 바뀐다.

3 부등식

기본연산 집중연습 | 06~09

1. 다음 그림의 각 카드에 적혀 있는 부등식의 성질이 옳으면 '예', 옳지 않으면 '아니오'를 따라 내려갈 때, 마지막에 도착하는 나라에 가는 여행 상품권을 준다고 한다. 미나는 어느 나라에 가는 여행 상품권을 받을 수 있는지 구하시오.

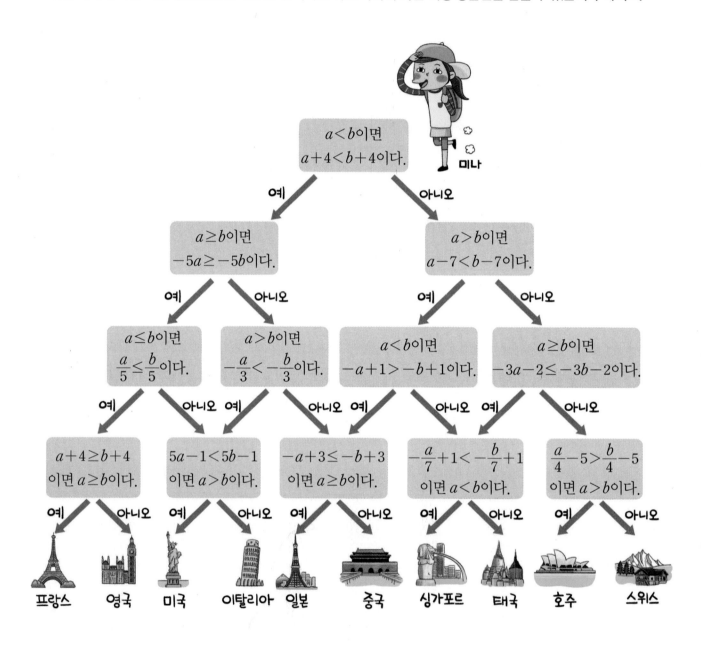

○ 다음과 같이 x의 값의 범위가 주어졌을 때, 식의 값의 범위를 구하시오.

2-1 $x>3$일 때, $2x+3$의 값의 범위

2-2 $x\le1$일 때, $5x-2$의 값의 범위

2-3 $x<-2$일 때, $-x-4$의 값의 범위

2-4 $x\ge-5$일 때, $3-2x$의 값의 범위

2-5 $x\le-3$일 때, $2-4x$의 값의 범위

2-6 $x<2$일 때, $-\dfrac{1}{2}x+1$의 값의 범위

○ 다음과 같이 x의 값의 범위가 주어졌을 때, 식의 값의 범위를 구하시오.

3-1 $-1\le x<3$일 때, $6x-1$의 값의 범위

3-2 $0<x<6$일 때, $\dfrac{1}{3}x+4$의 값의 범위

3-3 $-1<x\le3$일 때, $-3x+5$의 값의 범위

3-4 $1\le x\le4$일 때, $-4x+2$의 값의 범위

3-5 $0<x\le5$일 때, $1-2x$의 값의 범위

3-6 $-2\le x<10$일 때, $-\dfrac{1}{2}x+6$의 값의 범위

3 부등식

핵심 체크

❷ 부등식의 양변에 같은 음수를 곱하거나 나누면 부등호의 방향이 바뀐다.

10 부등식의 해를 수직선 위에 나타내기

정답과 해설 | 35쪽

① 부등식의 해 : 부등식의 성질을 이용하여 주어진 부등식을 $x>$(수), $x<$(수), $x\geq$(수), $x\leq$(수) 중 어느 하나의 꼴로 고쳐서 해를 구한다.

② 부등식의 해를 수직선 위에 나타내기

(ⅰ) $x>a$

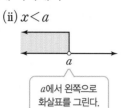

a에서 오른쪽으로 화살표를 그린다.

(ⅱ) $x<a$

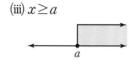

a에서 왼쪽으로 화살표를 그린다.

(ⅲ) $x\geq a$

(ⅳ) $x\leq a$

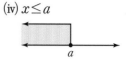

○ 다음 수직선 위에 나타내어진 x의 값의 범위를 부등식으로 나타내시오.

1-1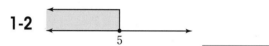

1-2

2-1

2-2

○ 다음 부등식의 해를 수직선 위에 나타내시오.

3-1 $x>-2$

3-2 $x\leq-3$

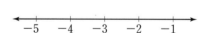

4-1 $x<0$

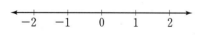

4-2 $x\geq4$

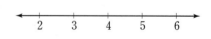

핵심 체크

부등호에 등호가 없으면 시작점은 ○로 표시하고, 등호가 있으면 시작점은 ●로 표시한다.

$x-3>5$의 해 구하기

$$x-3>5$$
$$x-3+3>5+3$$
$$\therefore x>8$$

양변에 3을 더한다.

$-2x+6\geq4$의 해 구하기

$$-2x+6\geq4$$
$$-2x+6-6\geq4-6$$
$$-2x\geq-2$$
$$\frac{-2x}{-2}\leq\frac{-2}{-2}$$
$$\therefore x\leq1$$

양변에서 6을 뺀다.

양변을 -2로 나눈다.

부등호의 방향이 바뀐다.

○ 부등식의 성질을 이용하여 다음 부등식을 풀고, 그 해를 수직선 위에 나타내시오.

1-1
$$x-4>3$$
$$x-4+\boxed{}>3+\boxed{}$$

해 : $x>\boxed{}$

1-2 $x+2<-3$

해 : _____

2-1 $\dfrac{x}{2}\leq5$

해 : _____

2-2 $-3x>6$

해 : _____

3-1 $x-7<4$

해 : _____

3-2 $-\dfrac{1}{2}x\geq4$

해 : _____

4-1 $x+5\geq2$

해 : _____

4-2 $\dfrac{2}{3}x>10$

해 : _____

핵심 체크

부등식의 성질을 이용하여 주어진 부등식을 $x>(\text{수})$, $x<(\text{수})$, $x\geq(\text{수})$, $x\leq(\text{수})$ 중 어느 하나의 꼴로 고쳐서 해를 구한다.

3 부등식

11 부등식의 성질을 이용한 부등식의 풀이

○ 부등식의 성질을 이용하여 다음 부등식을 풀고, 그 해를 수직선 위에 나타내시오.

5-1
$$5x - 10 \geq 0$$
$$5x - 10 + 10 \geq 0 + 10$$
$$5x \geq \boxed{}$$
$$\frac{5x}{\boxed{}} \geq \frac{10}{\boxed{}}$$

해 : $x \geq \boxed{}$

5-2 $2x - 5 < 7$

해 : _____

6-1 $6x - 5 \geq 13$

해 : _____

6-2 $-\dfrac{1}{2}x + 3 \leq 1$

해 : _____

7-1 $-3x + 2 < -7$

해 : _____

7-2 $-5x - 6 > 4$

해 : _____

8-1 $3x - 1 \leq 5$

해 : _____

8-2 $-7x + 5 < -9$

해 : _____

9-1 $4x - 2 > 10$

해 : _____

9-2 $\dfrac{1}{3}x - 4 \geq 1$

해 : _____

> **핵심 체크**
>
> 부등식의 양변에 같은 음수를 곱하거나 나누면 부등호의 방향이 바뀐다.

12 일차부등식

일차부등식 : 부등식의 모든 항을 좌변으로 이항하여 정리하였을 때

(일차식)>0, (일차식)<0, (일차식)≥ 0, (일차식)≤ 0

중 어느 하나의 꼴로 나타나는 부등식

예 $3x>0$, $2x-4<0$ ➡ 일차부등식

$\underset{\text{이차식}}{x^2-1>0}$, $\underset{\text{일차방정식}}{3x+1=0}$, $\underset{-3<0}{4x-1<4x+2}$ ➡ 일차부등식이 아니다.

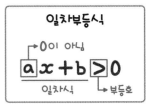

○ 다음 중 일차부등식인 것에는 ○표, 일차부등식이 아닌 것에는 ×표를 하시오.

1-1
$x(x-3)<5$
➡ $x^2-3x<5$이므로 $x^2-3x-5<0$

(   )

1-2 $\dfrac{x}{3}\geq 5$ (   )

2-1 $3x-2\leq -3x+2$ (   )   **2-2** $4x+x=2x-8$ (   )

3-1 $3x-5$ (   )   **3-2** $4x>4(x-1)$ (   )

4-1 $5x+7<0$ (   )   **4-2** $\dfrac{1}{x}-1\geq 0$ (   )

5-1 $3x^2-x+4\leq 2+3x^2$ (   )   **5-2** $2x-1=0$ (   )

6-1 $x(x+2)>x^2$ (   )   **6-2** $x-2<x+6$ (   )

핵심 체크

일차부등식인 것을 찾을 때에는 부등식의 모든 항을 좌변으로 이항하여 정리한 식이 (일차식)>0, (일차식)<0, (일차식)≥ 0,

(일차식)≤ 0 중 어느 하나의 꼴로 나타나는 부등식을 찾으면 된다.

13 일차부등식의 풀이 (1)

① 미지수 x를 포함한 항은 좌변으로, 상수항은 우변으로 이항한다.
② 양변을 동류항끼리 정리하여 $ax>b$, $ax<b$, $ax\geq b$, $ax\leq b\,(a\neq 0)$ 중 어느 하나의 꼴로 나타낸다.
③ 양변을 x의 계수 a로 나눈다. 이때 a가 음수이면 부등호의 방향이 바뀐다.

$$3x+1 \leq -8$$
$$3x \leq -8-1 \quad \text{상수항을 우변으로 이항한다.}$$
$$3x \leq -9 \quad \text{우변을 간단히 정리한다.}$$
$$\therefore x \leq -3 \quad \text{양변을 } x \text{의 계수로 나눈다.}$$

○ 다음 일차부등식을 풀고, 그 해를 수직선 위에 나타내시오.

1-1
$$2x-1\geq 7$$
$$2x\geq 7+\square$$
$$2x\geq \square$$
해 : $x\geq \square$ ←——————→

1-2 $3x+2<-1$

해 : _____ ←——————→

2-1 $-3x+2<-7$

해 : _____ ←——————→

2-2 $-4x+2\geq 10$

해 : _____ ←——————→

○ 다음 일차부등식을 푸시오.

3-1 $2x-1>-3$ _____

3-2 $3x-5\leq 13$ _____

4-1 $-5x-3\leq 12$ _____

4-2 $-7x+1>-20$ _____

핵심 체크

상수항을 우변으로 이항한다.

○ 다음 일차부등식을 풀고, 그 해를 수직선 위에 나타내시오.

5-1

$$2x \leq -4+3x$$
$$2x - \boxed{} \leq -4$$
$$\boxed{} \leq -4$$

해 : $x \geq \boxed{}$ ⟵————————⟶

5-2 $-x > 2x+3$

해 : _____ ⟵————————⟶

6-1 $4x > x+6$

해 : _____ ⟵————————⟶

6-2 $5x \leq 2x-9$

해 : _____ ⟵————————⟶

○ 다음 일차부등식을 푸시오.

7-1 $2x \geq -3x+5$ _____

7-2 $-x < 5x-12$ _____

8-1 $-4x < -6x-8$ _____

8-2 $4x > 5x-2$ _____

9-1 $x \geq 3x-8$ _____

9-2 $3x \leq x+2$ _____

10-1 $-3x > 3x+2$ _____

10-2 $2x \leq -12-x$ _____

핵심 체크

미지수 x를 포함한 항을 좌변으로 이항한다.

3 — 부등식

14 일차부등식의 풀이 (2)

$-5x-9<x+3$의 해 구하기

$$-5x-9<x+3$$
$$-5x-x<3+9$$
$$-6x<12$$
$$\therefore x>-2$$

x를 포함한 항은 좌변으로, 상수항은 우변으로 이항한다.

각 변을 간단히 정리한다.

양변을 x의 계수로 나눈다.
이때 x의 계수가 음수이면 부등호의 방향이 바뀐다.

○ 다음 일차부등식을 풀고, 그 해를 수직선 위에 나타내시오.

1-1
$$5x-6<3x+4$$
$$5x-\boxed{}<4+\boxed{}$$
$$\boxed{}x<\boxed{}$$

해 : $x<\boxed{}$

1-2 $4x-5>x+7$

해 : _____

2-1 $2x-5\geq -x+1$

해 : _____

2-2 $2x+4\leq -3x+9$

해 : _____

○ 다음 일차부등식을 푸시오.

3-1 $4x-6\leq x+6$ _____

3-2 $5x+3<2x-6$ _____

4-1 $3x-5>x+1$ _____

4-2 $4x-1\geq -2x+5$ _____

핵심 체크

미지수 x를 포함한 항은 좌변으로, 상수항은 우변으로 이항한다.

○ 다음 일차부등식을 풀고, 그 해를 수직선 위에 나타내시오.

5-1
$$1-4x>-8-x$$
$$-4x+\boxed{}>-8-\boxed{}$$
$$\boxed{}x>\boxed{}$$

해 : $x<\boxed{}$ ⟵────⟶

5-2 $12-4x\geq-x-3$

해 : _____ ⟵────⟶

6-1 $-4x+5\leq-3x+2$

해 : _____ ⟵────⟶

6-2 $-3x+1<-x-7$

해 : _____ ⟵────⟶

○ 다음 일차부등식을 푸시오.

7-1 $-x-1>x-1$ _____

7-2 $3x-2<5x+10$ _____

8-1 $2x-3\geq4x+7$ _____

8-2 $2x+2\leq3x+6$ _____

9-1 $-x+4<3x$ _____

9-2 $x-3\geq2x-2$ _____

10-1 $9-3x>2x-1$ _____

10-2 $5-3x<-1-x$ _____

> **핵심 체크**
>
> 양변을 x의 계수로 나눌 때, x의 계수가 음수이면 부등호의 방향이 바뀐다.

사이드 탭: 3 부등식

기본연산 집중연습 | 10~14

○ 다음 중 일차부등식인 것에는 ○표, 일차부등식이 아닌 것에는 ×표를 하시오.

1-1 $3x-6=0$ ( )   **1-2** $-\dfrac{x}{4}>2$ ( )

1-3 $5x-4\leq6-x$ ( )   **1-4** $x+5<-1+x$ ( )

1-5 $x(x+5)\geq x^2-1$ ( )   **1-6** $-7x+5$ ( )

○ 다음 일차부등식을 푸시오.

2-1 $-2x+12>6x-4$ **2-2** $2x-4\geq-x+2$

2-3 $3x+2\leq x+8$ **2-4** $2x-5<4x+11$

2-5 $5x+32>x+8$ **2-6** $-3x-2\leq x+6$

2-7 $8x+4\geq x-10$ **2-8** $9x+4<5x+2$

2-9 $5x-20<2x+1$ **2-10** $-3x+2\geq x+6$

> **핵심 체크**
>
> ❶ 일차부등식은 부등식의 모든 항을 좌변으로 이항하여 정리하였을 때, (일차식)>0, (일차식)<0, (일차식)≥0, (일차식)≤0 중 어느 하나의 꼴로 나타나는 부등식이다.

3. 다음 일차부등식의 해와 그 해를 수직선 위에 나타낸 것을 바르게 연결하시오.

| A | $2-2x<x+5$ |

•   •

| ㉠ | 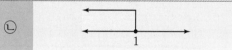 |

| B | $x-1\geq3x-5$ |

•   •

| ㉡ |

| C | $6x-2>4x-12$ |

•   •

| ㉢ |  |

| D | $x+4\leq8-3x$ |

•   •

| ㉣ |

| E | $x-2>3x+2$ |

•   •

| ㉤ | 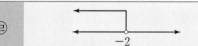 |

15 괄호가 있는 일차부등식의 풀이

괄호가 있는 일차부등식 : 분배법칙을 이용하여 괄호를 풀어 부등식을 간단히 한 후 푼다.

$$2(x+1) > x-3$$
$$2x+2 > x-3$$
$$2x-x > -3-2$$
$$\therefore x > -5$$

┐ 분배법칙을 이용하여 괄호를 푼다.

┐ x를 포함한 항은 좌변으로, 상수항은 우변으로 이항한다.

○ 다음 일차부등식을 푸시오.

1-1
$$3(x+2) > 2x+1$$
$$3x+\boxed{} > 2x+1$$ ← 괄호를 푼다.
$$3x-\boxed{} > 1-\boxed{}$$
$$\therefore x > \boxed{}$$

1-2 $2x+6 \leq 4(x-3)$ _____

2-1 $2(x-1) > 3x+5$ _____

2-2 $3(x-3) < -x+7$ _____

3-1 $2(x-3) < 5x+6$ _____

3-2 $1-3x \geq -2(x-3)$ _____

4-1 $5-(3-x) \geq 2x$ _____

4-2 $2x-(5x-4) \leq -5$ _____

> **핵심 체크**
>
> 괄호가 있는 일차부등식은 분배법칙을 이용하여 괄호를 푼다.

○ 다음 일차부등식을 푸시오.

5-1 $3(x-1)<2(x+3)$ _____

5-2 $5(x+1)\geq-2(x+1)$ _____

6-1 $4(1-2x)\leq-(x+2)$ _____

6-2 $-2(x+4)>2(x+2)$ _____

7-1 $3(4-x)<2(x+1)$ _____

7-2 $3(x-2)\leq6(5-x)$ _____

8-1 $2(3-2x)>6(x+11)$ _____

8-2 $-(x-3)\geq3(x-2)$ _____

9-1 $2(x+5)>3(2x+4)+6$

_____

9-2 $5-(4+3x)\geq-2(x-2)$

_____

10-1 $x-3(x-3)\leq3(2-x)$

_____

10-2 $3(x-3)+2>4-(2x-7)$

_____

핵심 체크

분배법칙 ➡ $a(b+c)=ab+ac,\ (a+b)c=ac+bc$

3 부등식

16 계수가 소수인 일차부등식의 풀이

계수가 소수인 일차부등식 : 부등식의 양변에 10, 100, 1000, …을 곱하여 계수를 정수로 바꾼 후 푼다.

$$0.3x - 1 < 0.2x$$
$$3x - 10 < 2x$$ ⎫ 양변에 10을 곱한다.
$$3x - 2x < 10$$ ⎫ 이항한다.
$$\therefore x < 10$$

1에도 10을 곱하는 것을 잊지 마!

○ 다음 일차부등식을 푸시오.

1-1
$$0.3x < 0.1x + 0.8$$ 양변에 10을 곱한다.
$$3x < \boxed{} + 8$$
$$3x - \boxed{} < 8$$
$$\boxed{} < 8$$
$$\therefore x < \boxed{}$$

1-2 $0.5x \geq 0.2x - 1.2$ _____

2-1 $0.6x \leq 0.4x - 1.2$ _____

2-2 $-0.2x + 0.2 > -0.1x - 0.3$

_____

3-1 $0.5x + 2 \geq 0.8x - 1.2$ _____

3-2 $0.5x + 0.2 < x - 0.1$ _____

4-1 $0.8x + 1.5 \leq 0.3x - 4$ _____

4-2 $0.1x - 0.6 > 1 + 0.3x$ _____

핵심 체크

계수가 소수인 일차부등식의 양변에 10의 거듭제곱을 곱할 때에는 모든 항에 똑같이 곱해야 한다.
➡ $0.2x - 1 < 0.6$의 양변에 10을 곱하면 $2x - 10 < 6$ (○), $2x - 1 < 6$ (×)

○ 다음 일차부등식을 푸시오.

5-1

$$0.05x+0.1>0.2x-0.15$$

$$5x+\boxed{}>20x-\boxed{}$$ 양변에 100을 곱한다.

$$5x-20x>-15-\boxed{}$$

$$-15x>\boxed{}$$

$$\therefore \boxed{}$$

5-2 $0.03x-0.1\leq0.02$ _____

6-1 $0.05x\geq1.5-0.2x$ _____

6-2 $0.01x<0.1x+0.45$ _____

7-1 $0.04x-0.3<-0.01x+0.2$

_____

7-2 $0.36x-0.14\leq0.24x+0.1$

_____

8-1

$$0.3(x+4)<0.6x-1.2$$

$$\boxed{}(x+4)<6x-12$$ 양변에 10을 곱한다.

$$3x+\boxed{}<6x-12$$

$$3x-6x<-12-\boxed{}$$

$$-3x<\boxed{}$$

$$\therefore \boxed{}$$

8-2 $0.9x\geq0.2(x+7)$ _____

9-1 $0.2(3x-4)>1.5x+1$ _____

9-2 $0.3(2x-3)\leq3.5x+2$ _____

핵심 체크

계수가 소수인 일차부등식의 양변에 10의 거듭제곱을 곱할 때, 괄호가 있으면 괄호 안의 수에는 10의 거듭제곱을 곱하지 않는다.

➡ $0.5(x+4)\geq0.1x$의 양변에 10을 곱하면 $5(x+4)\geq x$ (○), $5(10x+40)\geq x$ (×)

16 계수가 소수인 일차부등식의 풀이

○ 다음 일차부등식을 푸시오.

10-1 $0.3x - 0.2(x-4) \leq 1$ _____

10-2 $0.3(2x+1) - 0.5 \geq 0.4x$ _____

11-1 $0.3(2x-1) > 1.2x + 1$ _____

11-2 $0.2(3-x) + 0.8 \leq 0.5x$ _____

12-1

$x \geq 0.3(x+0.7)$
$x \geq 0.3x + \boxed{}$ 괄호를 푼다.
$100x \geq 30x + \boxed{}$ 양변에 100을 곱한다.
$70x \geq \boxed{}$
$\therefore x \geq \boxed{}$

12-2 $x < 0.2(x - 0.6)$ _____

13-1 $0.1(x-0.3) \leq 0.17$ _____

13-2 $0.3(0.1x - 0.2) \geq 0.1$ _____

14-1 $0.2(0.5 - 0.7x) \leq 0.8$ _____

14-2 $-3(0.2x - 0.3) \geq 0.5(2-x)$

_____

> **핵심 체크**
>
> 계수가 소수인 일차부등식에서 괄호 안에 소수가 있을 때에는 먼저 분배법칙을 이용하여 괄호를 푼다.

17 계수가 분수인 일차부등식의 풀이

계수가 분수인 일차부등식 : 부등식의 양변에 분모의 최소공배수를 곱하여 계수를 정수로 바꾼 후 푼다.

$$\frac{1}{2}x - 1 \geq \frac{1}{3}x$$

양변에 분모의 최소공배수 **6**을 곱한다.

$$3x - 6 \geq 2x$$

이항한다.

$$3x - 2x \geq 6$$

$$\therefore x \geq 6$$

○ 다음 일차부등식을 푸시오.

1-1

$$\frac{3}{2}x - 5 > \frac{x}{4}$$ 양변에 분모의 최소공배수 4를 곱한다.

$$6x - \boxed{} > x$$

$$6x - x > \boxed{}$$

$$\boxed{}x > \boxed{}$$

$$\therefore x > \boxed{}$$

1-2 $\dfrac{x}{2} < \dfrac{x}{6} + 1$

_____

2-1 $\dfrac{1}{5}x \leq \dfrac{1}{2}x + \dfrac{3}{5}$

_____

2-2 $\dfrac{1}{2}x \geq \dfrac{1}{3}x + 1$

_____

3-1 $\dfrac{1}{4}x - 1 > \dfrac{2}{5}x + 2$

_____

3-2 $-\dfrac{3}{4}x - 1 \leq \dfrac{1}{2}x + \dfrac{3}{2}$

_____

4-1 $\dfrac{x}{3} + 1 \geq \dfrac{2}{5}x - \dfrac{3}{5}$

_____

4-2 $\dfrac{2}{5}x + \dfrac{7}{10} < \dfrac{1}{10}x + 1$

_____

핵심 체크

계수가 분수인 일차부등식의 양변에 분모의 최소공배수를 곱할 때에는 모든 항에 똑같이 곱해야 한다.

➡ $\dfrac{1}{4}x - 1 < \dfrac{1}{5}$의 양변에 분모의 최소공배수 20을 곱하면 $5x - 20 < 4$ (○), $5x - 1 < 4$ (×)

3 부등식

○ 다음 일차부등식을 푸시오.

5-1 $\dfrac{x}{3} \leq \dfrac{5}{6}x + \dfrac{3}{2}$ _____

5-2 $\dfrac{x}{5} + \dfrac{1}{3} > \dfrac{8}{15}x$ _____

6-1 $\dfrac{3}{5}x < \dfrac{x}{2} + \dfrac{7}{10}$ _____

6-2 $\dfrac{2}{3}x - \dfrac{1}{2} > \dfrac{3}{4}x$ _____

7-1 $\dfrac{x}{3} \geq \dfrac{5}{6}x + \dfrac{1}{4}$ _____

7-2 $\dfrac{3}{4}x \geq \dfrac{2}{5}x + \dfrac{1}{2}$ _____

8-1

$$\dfrac{x-4}{5} \leq \dfrac{x-1}{2}$$

양변에 분모의 최소공배수 10을 곱한다.

$$\boxed{}(x-4) \leq 5(x-1)$$
$$2x - \boxed{} \leq 5x - 5$$
$$2x - 5x \leq -5 + \boxed{}$$
$$-3x \leq \boxed{}$$
$$\therefore \boxed{}$$

8-2 $\dfrac{x+3}{6} < \dfrac{x+6}{4}$ _____

9-1 $\dfrac{2x+1}{3} > \dfrac{x-3}{2}$ _____

9-2 $\dfrac{x-2}{4} - \dfrac{2x-1}{5} \leq 0$ _____

핵심 체크

계수가 분수인 일차부등식의 양변에 분모의 최소공배수를 곱할 때 분자가 다항식이면 괄호를 사용한다.

➡ $\dfrac{2x-1}{2} > \dfrac{x+1}{3}$의 양변에 분모의 최소공배수 6을 곱하면 $3(2x-1) > 2(x+1)$

○ 다음 일차부등식을 푸시오.

10-1 $\dfrac{x-2}{4} \le \dfrac{x}{6} - \dfrac{1}{3}$ **10-2** $\dfrac{1-2x}{3} > 2 - \dfrac{x}{4}$

11-1 $\dfrac{1}{3}x - \dfrac{5-x}{2} \ge \dfrac{5}{6}$ **11-2** $\dfrac{1}{2}x - \dfrac{x-2}{4} > 2 + x$

12-1 $\dfrac{x-3}{4} - \dfrac{3x-1}{5} < \dfrac{1}{2}$ **12-2** $3 - \dfrac{x-3}{4} < \dfrac{x+3}{2}$

13-1 $\dfrac{3x-2}{5} > 2 + \dfrac{x-1}{2}$ **13-2** $\dfrac{x-2}{3} + 2 \ge \dfrac{7+x}{4}$

14-1 $\dfrac{x-1}{3} - \dfrac{x+1}{4} \le \dfrac{1}{6}$ **14-2** $\dfrac{3x+5}{4} < \dfrac{x-1}{2} + 1$

핵심 체크

계수가 분수인 일차부등식의 풀이 순서

① 부등식의 양변에 분모의 최소공배수를 곱한다. ➡ ② 분배법칙을 이용하여 괄호를 푼다.

3 | 부등식

18 복잡한 일차부등식의 풀이

계수에 소수와 분수가 섞여 있는 일차부등식 : 소수를 기약분수로 바꾼 후 부등식의 양변에 분모의 최소공배수를 곱한다.

$$\frac{1}{3}x - 0.1 > 0.1x + 2$$

소수를 기약분수로 바꾼다.

$$\frac{1}{3}x - \frac{1}{10} > \frac{1}{10}x + 2$$

양변에 분모의 최소공배수 30을 곱한다.

$$10x - 3 > 3x + 60$$

이항한다.

$$10x - 3x > 60 + 3$$
$$7x > 63$$
$$\therefore x > 9$$

○ 다음 일차부등식을 푸시오.

1-1
$$\frac{2}{5}x + 1 \geq x - 0.2$$

소수를 기약분수로 바꾼다.

$$\frac{2}{5}x + 1 \geq x - \boxed{}$$

양변에 5를 곱한다.

$$2x + \boxed{} \geq 5x - 1$$
$$2x - 5x \geq -1 - \boxed{}$$
$$-3x \geq \boxed{}$$
$$\therefore \boxed{}$$

1-2 $\frac{1}{5}x + 0.4 > x - 2$ _____

2-1 $\frac{1}{2}x + 0.3 > x - \frac{1}{5}$ _____

2-2 $\frac{x}{3} + 0.5 \leq x - \frac{5}{6}$ _____

3-1 $\frac{1}{4}x + 0.6 \geq 0.2x - \frac{1}{5}$ _____

3-2 $\frac{1}{2} + 1.5x < \frac{5}{4}x + 0.2$ _____

> **핵심 체크**
>
> 계수에 소수와 분수가 섞여 있는 일차부등식은 소수를 기약분수로 바꾼 후 부등식의 양변에 분모의 최소공배수를 곱한다.

○ 다음 일차부등식을 푸시오.

4-1

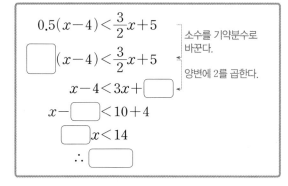

$0.5(x-4) < \dfrac{3}{2}x + 5$

$\boxed{}(x-4) < \dfrac{3}{2}x + 5$ 소수를 기약분수로 바꾼다.

$x - 4 < 3x + \boxed{}$ 양변에 2를 곱한다.

$x - \boxed{} < 10 + 4$

$\boxed{}x < 14$

$\therefore \boxed{}$

4-2 $\dfrac{1}{5}(3x+2) \geq 0.4x + 1$ _____

5-1 $\dfrac{6}{5}x + 1.2 > 0.2(x+5)$ _____

5-2 $0.3(2x+1) - \dfrac{1}{2} \leq 0.4x$ _____

6-1 $0.4 - \dfrac{1}{5}x \leq 0.2(x-8)$ _____

6-2 $0.7(2x+3) > \dfrac{8}{5}x + 2.9$ _____

7-1 $-\dfrac{x-2}{2} + 2 \geq 0.5x + 3$ _____

7-2 $\dfrac{2x-1}{3} - \dfrac{x+2}{6} < x - 0.5$ _____

8-1 $\dfrac{2+3x}{5} < 0.2(7x-6)$ _____

8-2 $\dfrac{1-2x}{4} \leq 0.5(3x+4)$ _____

핵심 체크

복잡한 일차부등식의 풀이 순서

① 소수를 기약분수로 바꾼다. ➡ ② 부등식의 양변에 분모의 최소공배수를 곱한다. ➡ ③ 분배법칙을 이용하여 괄호를 푼다.

기본연산 집중연습 | 15~18

○ 다음 일차부등식을 푸시오.

1-1 $4x < 3(x-1)+2$

1-2 $5-5(x-4) \geq 3x-7$

1-3 $4(x+1) > 2(x-6)$

1-4 $8-2(x+3) \leq 3(x-1)$

1-5 $0.2x-0.3 \geq 0.5x+1.8$

1-6 $0.27x-0.3 < -0.14+0.23x$

1-7 $0.2(x+3) > 1+0.3x$

1-8 $3(1-0.2x) \leq 0.1x+0.2$

1-9 $\dfrac{2}{3}x - \dfrac{3}{2} > \dfrac{3}{4}x$

1-10 $x - \dfrac{1}{2} \leq \dfrac{x}{3} + \dfrac{5}{6}$

1-11 $\dfrac{x}{5} - 1 \geq \dfrac{x-5}{3}$

1-12 $1 - \dfrac{2x-1}{2} < \dfrac{x+1}{4}$

1-13 $\dfrac{1}{2}x + 0.3 \geq \dfrac{4}{5}x + 1.5$

1-14 $0.5x - 1 \leq \dfrac{1}{6}(x+4)$

핵심 체크

❶ 괄호가 있는 일차부등식 ➡ 분배법칙을 이용하여 괄호를 푼다.

❷ 계수가 소수인 일차부등식 ➡ 부등식의 양변에 10의 거듭제곱을 곱한다.

○ 다음은 슬기가 일차부등식 문제를 푼 과정을 적은 것이다. 각 문제에서 처음으로 틀린 곳을 찾고, 바르게 푸시오.

2-1

$$4(x+1)-2(x-6)<3$$
$$4x+1-2x-6<3 \quad ㉠$$
$$4x-2x<3-1+6 \quad ㉡$$
$$2x<8 \quad ㉢$$
$$\therefore x<4 \quad ㉣$$

풀이

답 _____

2-2

$$0.2x-1<0.3x \quad ㉠$$
$$2x-1<3x \quad ㉡$$
$$2x-3x<1 \quad ㉢$$
$$-x<1 \quad ㉣$$
$$\therefore x>-1$$

풀이

답 _____

2-3

$$\frac{1}{3}x-\frac{1}{6}\geq\frac{x}{2}$$
$$2x-1\geq 3x \quad ㉠$$
$$2x-3x\geq 1 \quad ㉡$$
$$-x\geq 1 \quad ㉢$$
$$\therefore x\geq -1 \quad ㉣$$

풀이

답 _____

2-4

$$\frac{2x+1}{3}-\frac{x-1}{2}\geq 1$$
$$2(2x+1)-3(x-1)\geq 1 \quad ㉠$$
$$4x+2-3x+3\geq 1 \quad ㉡$$
$$4x-3x\geq 1-2-3 \quad ㉢$$
$$\therefore x\geq -4 \quad ㉣$$

풀이

답 _____

3 부등식

핵심 체크

❸ 계수가 분수인 일차부등식 ➡ 부등식의 양변에 분모의 최소공배수를 곱한다.

❹ 계수에 소수와 분수가 섞여 있는 일차부등식 ➡ 소수를 기약분수로 바꾼 후 부등식의 양변에 분모의 최소공배수를 곱한다.

19 일차부등식의 활용

❶ 문제의 뜻을 파악하고 구하려는 것을 미지수 x로 놓는다.

❷ 수량 사이의 대소 관계를 찾아 부등식을 세운다.

❸ 일차부등식을 푼다.

❹ 구한 해가 문제의 뜻에 맞는지 확인한다.

참고 물건의 개수, 사람 수, 횟수 등을 미지수 x로 놓았을 때에는 구한 해 중 자연수만을 답으로 한다.

1-1 어떤 정수의 3배에 15를 더한 수는 72보다 크다고 한다. 이와 같은 정수 중에서 가장 작은 수를 구하시오.

(1) 다음 □ 안에는 알맞은 식을, ○ 안에는 알맞은 부등호를 써넣으시오.

> 어떤 정수를 x라 하면 <u>어떤 정수의 3배에</u>
>
> □
>
> <u>15를 더한 수는 72보다 크다.</u>
> $+15$ ○ 72

(2) 부등식을 세우시오.

_____

(3) (2)에서 세운 부등식을 푸시오.

_____

(4) 문제의 뜻에 맞는 답을 구하시오.

_____

1-2 어떤 정수에 2를 더한 수의 4배는 32보다 작거나 같다고 한다. 이와 같은 정수 중에서 가장 큰 수를 구하시오.

_____

1-3 연속하는 세 자연수의 합이 87보다 작다고 할 때, 이와 같은 수 중에서 가장 큰 세 자연수를 구하시오.

_____

핵심 체크

구하려는 수를 x로 놓고 부등식을 세운다.

• 연속하는 세 수 ➡ $x-1,\ x,\ x+1$ ⋮ • 연속하는 세 짝수(홀수) ➡ $x-2,\ x,\ x+2$

2-1 3000원인 필통 한 개와 한 자루에 800원인 볼펜을 합하여 10000원 이하로 학용품을 사려고 한다. 이때 볼펜은 최대 몇 자루까지 살 수 있는지 구하시오.

(1) 다음 ○ 안에 알맞은 부등호를 써넣으시오.

> 볼펜을 x자루 산다고 하면
> (필통 한 개의 가격)+(볼펜 x자루의 가격)
> ○ 10000

(2) 부등식을 세우시오.

―――――――

(3) (2)에서 세운 부등식을 푸시오.

―――――――

물건의 개수는 자연수만 될 수 있어.

(4) 문제의 뜻에 맞는 답을 구하시오.

―――――――

2-2 한 번에 500 kg까지 운반할 수 있는 엘리베이터에 몸무게가 50 kg인 사람이 한 개에 40 kg인 상자를 실어 운반하려고 한다. 한 번에 상자를 최대 몇 개까지 운반할 수 있는지 구하시오.

―――――――

2-3 한 송이에 1500원인 빨간 장미와 한 송이에 1000원인 노란 장미를 합하여 20송이를 사려고 한다. 총 가격이 25000원 이하가 되려면 빨간 장미는 최대 몇 송이까지 살 수 있는지 구하시오.

―――――――

3 부등식

핵심 체크

두 물건 A, B를 합하여 n개를 살 때, A의 개수를 x개라 하면 B의 개수는 $(n-x)$개이다.

3-1 집 근처 매장에서 한 캔에 800원인 음료수가 할인 매장에서는 한 캔에 500원이라고 한다. 할인 매장에 다녀오는 데 왕복 교통비가 1800원이 든다고 할 때, 음료수를 몇 캔 이상 사는 경우에 할인 매장에서 사는 것이 더 유리한지 구하시오.

(1) 음료수를 x캔 산다고 할 때, 다음 표를 완성하시오.

	집 근처 매장	할인 매장
음료수 가격(원)	800	
교통비(원)		
총 비용(원)		

(2) 부등식을 세우시오.

_____

(3) (2)에서 세운 부등식을 푸시오.

_____

(4) 문제의 뜻에 맞는 답을 구하시오.

_____

3-2 학교 앞 서점에서 한 권에 5000원인 책이 인터넷 서점에서는 한 권에 4500원이라고 한다. 인터넷 서점에서 사면 2500원의 배송료가 든다고 할 때, 책을 몇 권 이상 사는 경우에 인터넷 서점에서 사는 것이 더 유리한지 구하시오.

_____

> 20 %를 할인한다는 것은 입장료의 80 %만 받는다는 뜻이야.

3-3 미술관의 입장료는 한 사람당 2000원이고, 30명 이상의 단체인 경우에는 입장료의 20 %를 할인해 준다고 한다. 몇 명 이상일 때, 30명의 단체 입장권을 사는 것이 더 유리한지 구하시오.

_____

핵심 체크

유리하다는 말은 가격이 더 싸다는 의미이다.
➡ (집 근처 매장에서 산 가격) > (할인 매장에서 산 가격) + (교통비)

4-1 가로의 길이가 세로의 길이보다 10 cm만큼 짧은 직사각형이 있다. 이 직사각형의 둘레의 길이가 140 cm 이상이 되게 하려면 세로의 길이는 몇 cm 이상이어야 하는지 구하시오.

(1) 다음 □ 안에 알맞은 식을 써넣으시오.

> 세로의 길이를 x cm라 하면 가로의 길이는 (⬚) cm이다.

(2) 부등식을 세우시오.

(3) (2)에서 세운 부등식을 푸시오.

(4) 문제의 뜻에 맞는 답을 구하시오.

4-2 높이가 12 cm인 삼각형의 넓이가 78 cm² 이하가 되게 하려면 삼각형의 밑변의 길이는 몇 cm 이하이어야 하는지 구하시오.

4-3 윗변의 길이가 7 cm, 높이가 8 cm인 사다리꼴의 넓이가 64 cm² 이상이 되게 하려면 사다리꼴의 아랫변의 길이는 몇 cm 이상이어야 하는지 구하시오.

핵심 체크

- (직사각형의 둘레의 길이)＝2 × {(가로의 길이)＋(세로의 길이)}
- (사다리꼴의 넓이)＝$\dfrac{1}{2}$ × {(윗변의 길이)＋(아랫변의 길이)} × (높이)

5-1 등산을 하는데 올라갈 때는 시속 3 km로 걷고, 내려올 때는 같은 길을 시속 5 km로 걸어서 전체 걸리는 시간을 3시간 이내로 하려고 한다. 이때 최대 몇 km까지 올라갈 수 있는지 구하시오.

(1) 올라갈 때의 거리를 x km라 할 때, 다음 표를 완성하시오.

	올라갈 때	내려올 때
거리	x km	
속력	시속 3 km	시속 5 km
시간		

(2) 다음 ○ 안에 알맞은 부등호를 써넣고, 부등식을 세우시오.

> (올라갈 때 걸린 시간)
> +(내려올 때 걸린 시간) ○ 3

(3) (2)에서 세운 부등식을 푸시오.

(4) 문제의 뜻에 맞는 답을 구하시오.

5-2 성모의 집에서 5 km 떨어진 학교까지 가는데 처음에는 시속 3 km로 걷다가 도중에 시속 6 km로 달려서 1시간 이내에 도착하려고 한다. 이때 걸어간 거리는 몇 km 이하인지 구하시오.

5-3 기차가 출발하기 전까지 1시간의 여유가 있어서 상점에서 물건을 사오려고 한다. 상점에서 물건을 사는 데 15분이 걸리고 시속 3 km로 걸을 때, 역에서 몇 km 이내에 있는 상점을 이용할 수 있는지 구하시오.

핵심 체크

(거리)=(속력)×(시간), (속력)=$\dfrac{(거리)}{(시간)}$, (시간)=$\dfrac{(거리)}{(속력)}$

기본연산 집중연습 | 19

O 다음 물음에 답하시오.

1-1 연속하는 세 짝수의 합이 54보다 크다고 할 때, 이와 같은 수 중에서 가장 작은 세 짝수를 구하시오.

1-2 한 장에 600원인 엽서와 한 장에 300원인 우표를 합하여 100장을 사려고 한다. 전체 가격이 33000원 이하가 되게 하려고 할 때, 엽서는 최대 몇 장까지 살 수 있는지 구하시오.

1-3 동네 문구점에서 한 권에 600원인 공책이 할인 매장에서는 한 권에 500원이라고 한다. 할인 매장에 다녀오는 데 왕복 교통비가 1500원이 든다고 할 때, 공책을 몇 권 이상 사는 경우에 할인 매장에서 사는 것이 더 유리한지 구하시오.

1-4 가로의 길이가 세로의 길이보다 4 cm 더 긴 직사각형이 있다. 이 직사각형의 둘레의 길이가 100 cm 이하가 되게 하려면 세로의 길이는 몇 cm 이하이어야 하는지 구하시오.

1-5 등산을 하는데 올라갈 때는 시속 2 km로 걷고, 내려올 때는 같은 길을 시속 3 km로 걸어서 5시간 이내에 등산을 마치려고 한다. 이때 최대 몇 km까지 올라갈 수 있는지 구하시오.

1-6 지호가 집에서 8 km 떨어진 유정이네 집에 가는 데 처음에는 시속 4 km로 걷다가 도중에 시속 6 km로 뛰어서 1시간 20분 이내에 도착하였다. 지호가 뛰어간 거리는 몇 km 이상인지 구하시오.

핵심 체크

일차부등식의 활용 문제를 푸는 순서
① 미지수 정하기 ➡ ② 일차부등식 세우기 ➡ ③ 일차부등식 풀기 ➡ ④ 확인하기

기본연산 테스트

1 다음 중 부등식인 것에는 ○표, 부등식이 아닌 것에는 ×표를 하시오.

(1) $3x \geq 0$ ( )

(2) $4 = 7 - 3$ ( )

(3) $x + 2y - 10$ ( )

(4) $2x - 1 > 5x$ ( )

(5) $y = 4x + 6$ ( )

(6) $-1 < 9$ ( )

2 다음 문장을 부등식으로 나타내시오.

(1) x의 2배는 5에 x를 더한 값보다 작지 않다.

(2) 한 개에 a원인 사과 7개의 가격은 5000원 미만이다.

(3) 민호의 16년 후의 나이는 현재 나이 x세의 3배보다 많지 않다.

(4) 키가 x cm인 지안이가 15 cm 더 자라면 지안이의 키는 170 cm가 넘는다.

(5) 시속 9 km로 x시간 동안 뛰어간 거리는 20 km 이상이다.

3 다음 중 [ ] 안의 수가 부등식의 해이면 ○표, 해가 아니면 ×표를 하시오.

(1) $x + 5 \leq 2x$ [6] ( )

(2) $x \leq -2 + 4x$ [3] ( )

(3) $2x + 1 \leq x$ [1] ( )

(4) $3x + 1 \leq -2$ [0] ( )

(5) $x > 2x + 2$ [-4] ( )

4 $a > b$일 때, 다음 ○ 안에 알맞은 부등호를 써넣으시오.

(1) $\dfrac{1}{3}a \bigcirc \dfrac{1}{3}b$

(2) $2a + 1 \bigcirc 2b + 1$

(3) $-4a + 3 \bigcirc -4b + 3$

(4) $1 - 5a \bigcirc 1 - 5b$

(5) $-\dfrac{1}{6}a - \dfrac{1}{3} \bigcirc -\dfrac{1}{6}b - \dfrac{1}{3}$

5 $-3 \leq x < 7$일 때, 다음 식의 값의 범위를 구하시오.

(1) $5x + 2$ (2) $-x + 1$

핵심 체크

❶ $x = a$를 부등식에 대입했을 때,

(i) 부등식이 참 ➡ $x = a$는 부등식의 해이다.

(ii) 부등식이 거짓 ➡ $x = a$는 부등식의 해가 아니다.

❷ $a < b$일 때, (i) $a + c < b + c$, $a - c < b - c$

(ii) $c > 0$이면 $ac < bc$, $\dfrac{a}{c} < \dfrac{b}{c}$

(iii) $c < 0$이면 $ac > bc$, $\dfrac{a}{c} > \dfrac{b}{c}$

6 다음 중 일차부등식인 것에는 ○표, 일차부등식이 아닌 것에는 ×표를 하시오.

(1) $x-5<x+3$ ( )

(2) $x-1>0$ ( )

(3) $2x^2+x+1\geq2$ ( )

(4) $x^2+4x+1\leq x^2+3$ ( )

(5) $3x-4<x+2$ ( )

7 다음 일차부등식을 푸시오.

(1) $5x+8<-3x-8$

(2) $2x+9\leq5(x-3)$

(3) $0.16x+0.4\leq0.01x-0.05$

(4) $1.3(2x-3)>3.5x+1.5$

(5) $\dfrac{3}{5}x+\dfrac{6}{5}\geq\dfrac{7}{10}x-\dfrac{1}{2}$

(6) $\dfrac{5x-1}{3}<2+\dfrac{x}{2}$

(7) $\dfrac{2-x}{5}>0.2(x-8)$

8 송이는 세 번의 수학 시험에서 각각 85점, 88점, 93점을 받았다. 네 번째 시험까지의 평균 점수가 90점 이상이 되려면 네 번째 시험에서 몇 점 이상을 받아야 하는지 구하시오.

9 어느 케이블카 요금이 대인은 1인당 10000원, 소인은 1인당 7000원이다. 대인과 소인을 합하여 12명의 케이블카 요금이 96000원을 넘지 않았을 때, 소인은 최소 몇 명 이상인지 구하시오.

10 어느 역에서 기차를 기다리는데 출발 시각까지 1시간 30분의 여유가 있어서 근처 편의점에 가서 물건을 사오려고 한다. 걷는 속도는 시속 4 km이고, 편의점에서 물건을 사는 데는 20분이 걸린다고 할 때, 역에서 몇 km 이내에 있는 편의점에 갈 수 있는지 구하시오.

3 부등식

핵심 체크

❸ 괄호가 있는 일차부등식의 풀이 ➡ 분배법칙을 이용하여 괄호를 푼다.

❹ 계수가 소수인 일차부등식의 풀이 ➡ 부등식의 양변에 10의 거듭제곱을 곱한다.

❺ 계수가 분수인 일차부등식의 풀이 ➡ 부등식의 양변에 분모의 최소공배수를 곱한다.

단기간 고득점을 위한 2주

전략 질주

중학 전략

내신 전략 시리즈

국어/영어/수학/사회/과학

필수 개념을 꽉~ 잡아 주는 초단기 내신 대비서!

일등전략 시리즈

국어/영어/수학/사회/과학 (국어는 3주 1권 완성)

철저한 기출 분석으로 상위권 도약을 돕는 고득점 전략서!

중학 연산의 빅데이터

빅터 연산

중학수학 **2A**

정답과 해설

중학 연산의 빅데이터

빅터 연산

천재교육

중학 연산의 빅데이터

빅터 연산

중학 연산의 **빅데이터**

빅터연산

정답과 해설

2-A

유리수와 순환소수

01 유리수

1-1 (1) $\frac{8}{4}$, 5 (2) $\frac{8}{4}$, 0, -1, 5

(3) -3.2, 1.5, $-\frac{2}{3}$, $\frac{2}{5}$

(4) $\frac{8}{4}$, 5, 1.5, $\frac{2}{5}$ (5) -3.2, -1, $-\frac{2}{3}$

(6) -3.2, $\frac{8}{4}$, 0, -1, 5, 1.5, $-\frac{2}{3}$, $\frac{2}{5}$

1-2 (1) 3, 1 (2) -8, 3, $-\frac{15}{5}$, 1

(3) 0.4, $-\frac{3}{4}$, 3.14, $\frac{4}{7}$

(4) 0.4, 3, 3.14, 1, $\frac{4}{7}$ (5) -8, $-\frac{15}{5}$, $-\frac{3}{4}$

(6) 0.4, -8, 3, $-\frac{15}{5}$, $-\frac{3}{4}$, 3.14, 1, $\frac{4}{7}$

02 유한소수와 무한소수

1-1 무		**1-2** 유	
2-1 무		**2-2** 유	
3-1 유		**3-2** 무	
4-1 유		**4-2** 무	
5-1 유		**5-2** 무	
6-1 무		**6-2** 유	

03 분수를 유한소수 또는 무한소수로 나타내기

1-1 4, 2.5, 유	**1-2** 0.375, 유
2-1 0.2, 유	**2-2** 0.666⋯, 무
3-1 0.625, 유	**3-2** 0.222⋯, 무
4-1 1.1666⋯, 무	**4-2** 0.8, 유
5-1 1.25, 유	**5-2** 0.272727⋯, 무

04 순환소수

1-1 4, ○	**1-2** ○
2-1 ×	**2-2** ○
3-1 ×	**3-2** ○
4-1 ○	**4-2** ○
5-1 ×	**5-2** ○
6-1 ○	**6-2** ×

05 순환소수의 표현

1-1 4, $0.\dot{4}$	**1-2** 8, $1.\dot{8}$
2-1 3, $0.2\dot{3}$	**2-2** 2, $1.4\dot{2}$
3-1 12, $0.\dot{1}\dot{2}$	**3-2** 45, $3.\dot{4}\dot{5}$
4-1 95, $0.0\dot{9}\dot{5}$	**4-2** 36, $1.0\dot{3}\dot{6}$
5-1 3, $0.58\dot{3}$	**5-2** 21, $1.2\dot{1}$
6-1 123, $0.\dot{1}2\dot{3}$	**6-2** 01, $1.\dot{0}\dot{1}$
7-1 026, $3.1\dot{0}2\dot{6}$	**7-2** 342, $2.1\dot{3}4\dot{2}$
8-1 198, $5.\dot{1}9\dot{8}$	**8-2** 2, $0.14\dot{2}$
9-1 12, $4.0\dot{1}\dot{2}$	**9-2** 010, $0.\dot{0}1\dot{0}$
10-1 10, 2	**10-2** 6
11-1 5, 0	**11-2** 3
12-1 3	**12-2** 4

10-2 순환소수 $0.3\dot{6}$의 순환마디의 숫자의 개수는 3, 6의 2개이므로 $50 = 2 \times 25$

따라서 소수점 아래 50번째 자리의 숫자는 순환마디가 25번 반복되고 순환마디의 2번째 숫자인 6이다.

11-2 순환소수 $0.\dot{3}6\dot{9}$의 순환마디의 숫자의 개수는 3, 6, 9의 3개이므로 $34 = 3 \times 11 + 1$

따라서 소수점 아래 34번째 자리의 숫자는 순환마디가 11번 반복되고 순환마디의 1번째 숫자인 3이다.

12-1 순환소수 $0.\dot{1}2\dot{3}$의 순환마디의 숫자의 개수는 1, 2, 3의 3개이므로 $30 = 3 \times 10$

따라서 소수점 아래 30번째 자리의 숫자는 순환마디가 10번 반복되고 순환마디의 3번째 숫자인 3이다.

12-2 순환소수 $0.\dot{4}\dot{9}$의 순환마디의 숫자의 개수는 4, 9의 2개이므로 $25 = 2 \times 12 + 1$

따라서 소수점 아래 25번째 자리의 숫자는 순환마디가 12번 반복되고 순환마디의 1번째 숫자인 4이다.

06 분수를 순환소수로 나타내기 p. 13

1-1 $0.133\cdots, 3, 0.1\dot{3}$ **1-2** $0.9166\cdots, 6, 0.91\dot{6}$
2-1 $2.6363\cdots, 63, 2.\dot{6}\dot{3}$ **2-2** $0.108108\cdots, 108, 0.\dot{1}0\dot{8}$

1-1
$$\begin{array}{r} 0.133\cdots \\ 15\overline{)2} \\ \underline{1\ 5} \\ 50 \\ \underline{45} \\ 50 \\ \underline{45} \\ 5 \\ \vdots \end{array}$$

1-2
$$\begin{array}{r} 0.9166\cdots \\ 12\overline{)11} \\ \underline{10\ 8} \\ 20 \\ \underline{12} \\ 80 \\ \underline{72} \\ 80 \\ \underline{72} \\ 8 \\ \vdots \end{array}$$

2-1
$$\begin{array}{r} 2.6363\cdots \\ 11\overline{)29} \\ \underline{22} \\ 7\ 0 \\ \underline{6\ 6} \\ 40 \\ \underline{33} \\ 70 \\ \underline{66} \\ 40 \\ \underline{33} \\ 7 \\ \vdots \end{array}$$

2-2
$$\begin{array}{r} 0.108108\cdots \\ 37\overline{)4} \\ \underline{3\ 7} \\ 300 \\ \underline{296} \\ 40 \\ \underline{37} \\ 300 \\ \underline{296} \\ 4 \\ \vdots \end{array}$$

4

기본연산 집중연습 | 01~06 p. 14 ~ p. 15

1-1 유 **1-2** 무
1-3 무 **1-4** 유
2-1 유 **2-2** 무
2-3 무 **2-4** 유
3-1 $0.55\cdots, 0.\dot{5}$ **3-2** $0.0833\cdots, 0.08\dot{3}$
3-3 $0.054054\cdots, 0.\dot{0}5\dot{4}$ **3-4** $0.166\cdots, 0.1\dot{6}$
4 피자

2-1 $\dfrac{1}{4}=0.25$ **2-2** $\dfrac{1}{3}=0.333\cdots$

2-3 $\dfrac{2}{7}=0.285714\cdots$ **2-4** $\dfrac{3}{5}=0.6$

07 유한소수를 기약분수로 나타내기 p. 16

1-1 $5, \dfrac{7}{10}, 2, 5$ **1-2** $\dfrac{31}{100}, 2, 5$
2-1 $\dfrac{3}{5}, 5$ **2-2** $\dfrac{4}{25}, 5$
3-1 $\dfrac{3}{100}, 2, 5$ **3-2** $\dfrac{1}{4}, 2$
4-1 $\dfrac{1}{8}, 2$ **4-2** $\dfrac{99}{200}, 2, 5$

1-2 $0.31=\dfrac{31}{100}=\dfrac{31}{2^2\times5^2}$

2-1 $0.6=\dfrac{6}{10}=\dfrac{3}{5}$

2-2 $0.16=\dfrac{16}{100}=\dfrac{4}{25}=\dfrac{4}{5^2}$

3-1 $0.03=\dfrac{3}{100}=\dfrac{3}{2^2\times5^2}$

3-2 $0.25=\dfrac{25}{100}=\dfrac{1}{4}=\dfrac{1}{2^2}$

4-1 $0.125=\dfrac{125}{1000}=\dfrac{1}{8}=\dfrac{1}{2^3}$

4-2 $0.495=\dfrac{495}{1000}=\dfrac{99}{200}=\dfrac{99}{2^3\times5^2}$

08 10의 거듭제곱을 이용하여 분수를 소수로 나타내기 p. 17 ~ p. 18

1-1	5, 15, 1.5	**1-2**	5, 5, 35, 0.35
2-1	2, 2, 100, 0.14	**2-2**	5^2, 5^2, 75, 0.075
3-1	2^2, 2^2, 28, 0.28	**3-2**	5, 5, 55, 0.55
4-1	3, 5^2, 5^2, 75, 0.75	**4-2**	50, 2, 2, 18, 0.18
5-1	1.25	**5-2**	0.24
6-1	0.8	**6-2**	0.325
7-1	0.45	**7-2**	0.22
8-1	0.1	**8-2**	0.4
9-1	0.125	**9-2**	0.16
10-1	0.2	**10-2**	0.175

5-1 $\dfrac{5}{4}=\dfrac{5}{2^2}=\dfrac{5\times5^2}{2^2\times5^2}=\dfrac{125}{100}=1.25$

5-2 $\dfrac{6}{25}=\dfrac{6}{5^2}=\dfrac{6\times2^2}{5^2\times2^2}=\dfrac{24}{100}=0.24$

6-1 $\dfrac{12}{15}=\dfrac{4}{5}=\dfrac{4\times2}{5\times2}=\dfrac{8}{10}=0.8$

6-2 $\dfrac{13}{40}=\dfrac{13}{2^3\times5}=\dfrac{13\times5^2}{2^3\times5\times5^2}$
$=\dfrac{325}{1000}=0.325$

7-1 $\dfrac{9}{20}=\dfrac{9}{2^2\times5}=\dfrac{9\times5}{2^2\times5\times5}$
$=\dfrac{45}{100}=0.45$

7-2 $\dfrac{11}{50}=\dfrac{11}{2\times5^2}=\dfrac{11\times2}{2\times5^2\times2}$
$=\dfrac{22}{100}=0.22$

8-1 $\dfrac{11}{110}=\dfrac{1}{10}=0.1$

8-2 $\dfrac{14}{35}=\dfrac{2}{5}=\dfrac{2\times2}{5\times2}=\dfrac{4}{10}=0.4$

9-1 $\dfrac{3}{24}=\dfrac{1}{8}=\dfrac{1}{2^3}=\dfrac{5^3}{2^3\times5^3}$
$=\dfrac{125}{1000}=0.125$

9-2 $\dfrac{12}{75}=\dfrac{4}{25}=\dfrac{4}{5^2}=\dfrac{4\times2^2}{5^2\times2^2}$
$=\dfrac{16}{100}=0.16$

10-1 $\dfrac{15}{75}=\dfrac{1}{5}=\dfrac{2}{5\times2}=\dfrac{2}{10}=0.2$

10-2 $\dfrac{21}{120}=\dfrac{7}{40}=\dfrac{7}{2^3\times5}=\dfrac{7\times5^2}{2^3\times5\times5^2}$
$=\dfrac{175}{1000}=0.175$

09 유한소수로 나타낼 수 있는 분수 p. 19 ~ p. 21

1-1	2, 5, 있다	**1-2**	3, 없다
2-1	2, 5, 있다	**2-2**	2, 3, 없다
3-1	5^2, 5, 있다	**3-2**	3, 2, 3, 없다
4-1	5, 2, 3, 5, 없다	**4-2**	2, 2, 5, 있다
5-1	○	**5-2**	×
6-1	○	**6-2**	○
7-1	×	**7-2**	×
8-1	×	**8-2**	○
9-1	○	**9-2**	×
10-1	○	**10-2**	○
11-1	○	**11-2**	○
12-1	○	**12-2**	×
13-1	○	**13-2**	×
14-1	×	**14-2**	×
15-1	○	**15-2**	×
16-1	○	**16-2**	○

6-1 $\dfrac{9}{2\times3\times5}=\dfrac{3}{2\times5}$ ➡ 유한소수

6-2 $\dfrac{26}{2\times5\times13}=\dfrac{1}{5}$ ➡ 유한소수

7-1 $\dfrac{3}{3^2\times5}=\dfrac{1}{3\times5}$
➡ 분모의 소인수 중에 3이 있으므로 유한소수로 나타낼 수 없다.

7-2 $\dfrac{14}{2\times3\times7^2}=\dfrac{1}{3\times7}$
➡ 분모의 소인수가 3과 7이므로 유한소수로 나타낼 수 없다.

8-1 $\dfrac{15}{3^2\times5^2}=\dfrac{1}{3\times5}$
➡ 분모의 소인수 중에 3이 있으므로 유한소수로 나타낼 수 없다.

8-2 $\dfrac{21}{2^2\times5\times7}=\dfrac{3}{2^2\times5}$ ➡ 유한소수

9-1 $\dfrac{12}{2\times3\times5^2}=\dfrac{2}{5^2}$ ➡ 유한소수

9-2 $\dfrac{35}{2^2\times3\times7}=\dfrac{5}{2^2\times3}$
➡ 분모의 소인수 중에 3이 있으므로 유한소수로 나타낼 수 없다.

10-1 $\dfrac{28}{2^2 \times 5 \times 7} = \dfrac{1}{5}$ ➡ 유한소수

10-2 $\dfrac{18}{2^3 \times 3^2} = \dfrac{1}{2^2}$ ➡ 유한소수

11-1 $\dfrac{13}{20} = \dfrac{13}{2^2 \times 5}$ ➡ 유한소수

11-2 $\dfrac{6}{30} = \dfrac{1}{5}$ ➡ 유한소수

12-1 $\dfrac{12}{40} = \dfrac{3}{10} = \dfrac{3}{2 \times 5}$ ➡ 유한소수

12-2 $\dfrac{49}{210} = \dfrac{7}{30} = \dfrac{7}{2 \times 3 \times 5}$

➡ 분모의 소인수 중에 3이 있으므로 유한소수로 나타낼 수 없다.

13-1 $\dfrac{21}{35} = \dfrac{3}{5}$ ➡ 유한소수

13-2 $\dfrac{17}{33} = \dfrac{17}{3 \times 11}$

➡ 분모의 소인수가 3과 11이므로 유한소수로 나타낼 수 없다.

14-1 $\dfrac{6}{45} = \dfrac{2}{15} = \dfrac{2}{3 \times 5}$

➡ 분모의 소인수 중에 3이 있으므로 유한소수로 나타낼 수 없다.

14-2 $\dfrac{3}{42} = \dfrac{1}{14} = \dfrac{1}{2 \times 7}$

➡ 분모의 소인수 중에 7이 있으므로 유한소수로 나타낼 수 없다.

15-1 $\dfrac{18}{150} = \dfrac{3}{25} = \dfrac{3}{5^2}$ ➡ 유한소수

15-2 $\dfrac{10}{28} = \dfrac{5}{14} = \dfrac{5}{2 \times 7}$

➡ 분모의 소인수 중에 7이 있으므로 유한소수로 나타낼 수 없다.

16-1 $\dfrac{9}{75} = \dfrac{3}{25} = \dfrac{3}{5^2}$ ➡ 유한소수

16-2 $\dfrac{15}{120} = \dfrac{1}{8} = \dfrac{1}{2^3}$ ➡ 유한소수

기본연산 집중연습 | 07~09

p. 22 ~ p. 23

1-1 2, 2, 6, 0.6		**1-2** 5^2, 5^2, 25, 0.25	
1-3 2^2, 2^2, 16, 0.16		**1-4** 2, 2, 26, 0.26	
1-5 5^2, 5^2, 1000, 0.175		**1-6** 5, 5, 15, 1000, 0.015	
2-1 ○		**2-2** ○	
2-3 ×		**2-4** ×	
2-5 ○		**2-6** ○	
2-7 ○		**2-8** ○	
3 C			

2-1 $\dfrac{9}{20} = \dfrac{9}{2^2 \times 5}$ ➡ 유한소수

2-2 $\dfrac{22}{2^2 \times 5 \times 11} = \dfrac{1}{2 \times 5}$ ➡ 유한소수

2-3 $\dfrac{12}{2^2 \times 3^2 \times 5} = \dfrac{1}{3 \times 5}$

➡ 분모의 소인수 중에 3이 있으므로 유한소수로 나타낼 수 없다.

2-4 $\dfrac{6}{63} = \dfrac{2}{21} = \dfrac{2}{3 \times 7}$

➡ 분모의 소인수가 3과 7이므로 유한소수로 나타낼 수 없다.

2-5 $\dfrac{15}{48} = \dfrac{5}{16} = \dfrac{5}{2^4}$ ➡ 유한소수

2-6 $\dfrac{3 \times 11}{2^3 \times 3 \times 5} = \dfrac{11}{2^3 \times 5}$ ➡ 유한소수

2-7 $\dfrac{49}{2 \times 5^2 \times 7} = \dfrac{7}{2 \times 5^2}$ ➡ 유한소수

2-8 $\dfrac{11}{220} = \dfrac{1}{20} = \dfrac{1}{2^2 \times 5}$ ➡ 유한소수

3

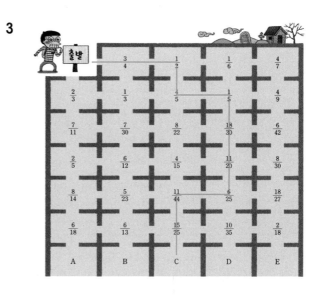

10 순환소수를 분수로 나타내기 (1) : 원리 ① p. 24 ~ p. 25

1-1 $10, 6, 6, \dfrac{2}{3}$ **1-2** $12.222\cdots, 11, \dfrac{11}{9}$

2-1 $100, 15, 15, \dfrac{5}{33}$ **2-2** $124.2424\cdots, 123, 123, \dfrac{41}{33}$

3-1 $\dfrac{8}{9}$ **3-2** $\dfrac{4}{3}$

4-1 $\dfrac{32}{99}$ **4-2** $\dfrac{6}{11}$

5-1 $\dfrac{52}{33}$ **5-2** $\dfrac{229}{99}$

6-1 $\dfrac{365}{999}$ **6-2** $\dfrac{2123}{999}$

3-1 $0.\dot{8}$을 x라 하면 $x=0.888\cdots$

$10x=8.888\cdots$이므로

$\begin{array}{r} 10x=8.888\cdots \\ -)\quad x=0.888\cdots \\ \hline 9x=8 \end{array}$

$\therefore x=\dfrac{8}{9}$

3-2 $1.\dot{3}$을 x라 하면 $x=1.333\cdots$

$10x=13.333\cdots$이므로

$\begin{array}{r} 10x=13.333\cdots \\ -)\quad x=1.333\cdots \\ \hline 9x=12 \end{array}$

$\therefore x=\dfrac{12}{9}=\dfrac{4}{3}$

4-1 $0.\dot{3}\dot{2}$를 x라 하면 $x=0.3232\cdots$

$100x=32.3232\cdots$이므로

$\begin{array}{r} 100x=32.3232\cdots \\ -)\quad x=0.3232\cdots \\ \hline 99x=32 \end{array}$

$\therefore x=\dfrac{32}{99}$

4-2 $0.\dot{5}\dot{4}$를 x라 하면 $x=0.5454\cdots$

$100x=54.5454\cdots$이므로

$\begin{array}{r} 100x=54.5454\cdots \\ -)\quad x=0.5454\cdots \\ \hline 99x=54 \end{array}$

$\therefore x=\dfrac{54}{99}=\dfrac{6}{11}$

5-1 $1.\dot{5}\dot{7}$을 x라 하면 $x=1.5757\cdots$

$100x=157.5757\cdots$이므로

$\begin{array}{r} 100x=157.5757\cdots \\ -)\quad x=1.5757\cdots \\ \hline 99x=156 \end{array}$

$\therefore x=\dfrac{156}{99}=\dfrac{52}{33}$

5-2 $2.\dot{3}\dot{1}$을 x라 하면 $x=2.3131\cdots$

$100x=231.3131\cdots$이므로

$\begin{array}{r} 100x=231.3131\cdots \\ -)\quad x=2.3131\cdots \\ \hline 99x=229 \end{array}$

$\therefore x=\dfrac{229}{99}$

6-1 $0.\dot{3}6\dot{5}$를 x라 하면 $x=0.365365\cdots$

$1000x=365.365365\cdots$이므로

$\begin{array}{r} 1000x=365.365365\cdots \\ -)\quad x=0.365365\cdots \\ \hline 999x=365 \end{array}$

$\therefore x=\dfrac{365}{999}$

6-2 $2.\dot{1}2\dot{5}$를 x라 하면 $x=2.125125\cdots$

$1000x=2125.125125\cdots$이므로

$\begin{array}{r} 1000x=2125.125125\cdots \\ -)\quad x=2.125125\cdots \\ \hline 999x=2123 \end{array}$

$\therefore x=\dfrac{2123}{999}$

11 순환소수를 분수로 나타내기 (2) : 원리 ② p. 26 ~ p. 28

1-1 $10, 100, 90, 90, \dfrac{1}{6}$

1-2 $3.555\cdots, 35.555\cdots, 32, 32, \dfrac{16}{45}$

2-1 $1000, 1000, 990, 990, \dfrac{71}{110}$

2-2 $10, 10, 990, \dfrac{1231}{990}$

3-1 $\dfrac{41}{30}$ **3-2** $\dfrac{13}{10}$

4-1 $\dfrac{61}{495}$ **4-2** $\dfrac{214}{495}$

5-1 $\dfrac{69}{55}$ **5-2** $\dfrac{1066}{495}$

6-1 $\dfrac{73}{225}$ **6-2** $\dfrac{121}{450}$

7-1 (1) ⓛ (2) ⓔ (3) ㉠ (4) ⓒ (5) ⓗ (6) ⓓ

7-2 (1) ⓛ (2) ⓓ (3) ⓗ (4) ㉠ (5) ⓒ (6) ⓔ

3-1 $1.3\dot{6}$을 x라 하면 $x=1.3666\cdots$

$10x=13.666\cdots$

$100x=136.666\cdots$이므로

$\quad 100x=136.666\cdots$

$-)\ \ 10x=\ \ 13.666\cdots$

$\quad\ \ 90x=123$

$\therefore x=\dfrac{123}{90}=\dfrac{41}{30}$

3-2 $1.2\dot{9}$을 x라 하면 $x=1.2999\cdots$

$10x=12.999\cdots$

$100x=129.999\cdots$이므로

$\quad 100x=129.999\cdots$

$-)\ \ 10x=\ \ 12.999\cdots$

$\quad\ \ 90x=117$

$\therefore x=\dfrac{117}{90}=\dfrac{13}{10}$

4-1 $0.1\dot{2}\dot{3}$을 x라 하면 $x=0.12323\cdots$

$10x=1.2323\cdots$

$1000x=123.2323\cdots$이므로

$\quad 1000x=123.2323\cdots$

$-)\ \ \ \ 10x=\ \ \ \ 1.2323\cdots$

$\quad\ \ \ 990x=122$

$\therefore x=\dfrac{122}{990}=\dfrac{61}{495}$

4-2 $0.4\dot{3}\dot{2}$를 x라 하면 $x=0.43232\cdots$

$10x=4.3232\cdots$

$1000x=432.3232\cdots$이므로

$\quad 1000x=432.3232\cdots$

$-)\ \ \ \ 10x=\ \ \ \ 4.3232\cdots$

$\quad\ \ \ 990x=428$

$\therefore x=\dfrac{428}{990}=\dfrac{214}{495}$

5-1 $1.2\dot{5}\dot{4}$를 x라 하면 $x=1.25454\cdots$

$10x=12.5454\cdots$

$1000x=1254.5454\cdots$이므로

$\quad 1000x=1254.5454\cdots$

$-)\ \ \ \ 10x=\ \ \ \ 12.5454\cdots$

$\quad\ \ \ 990x=1242$

$\therefore x=\dfrac{1242}{990}=\dfrac{69}{55}$

5-2 $2.1\dot{5}\dot{3}$을 x라 하면 $x=2.15353\cdots$

$10x=21.5353\cdots$

$1000x=2153.5353\cdots$이므로

$\quad 1000x=2153.5353\cdots$

$-)\ \ \ \ 10x=\ \ \ \ 21.5353\cdots$

$\quad\ \ \ 990x=2132$

$\therefore x=\dfrac{2132}{990}=\dfrac{1066}{495}$

6-1 $0.32\dot{4}$를 x라 하면 $x=0.32444\cdots$

$100x=32.444\cdots$

$1000x=324.444\cdots$이므로

$\quad 1000x=324.444\cdots$

$-)\ \ \ 100x=\ \ 32.444\cdots$

$\quad\ \ \ 900x=292$

$\therefore x=\dfrac{292}{900}=\dfrac{73}{225}$

6-2 $0.26\dot{8}$을 x라 하면 $x=0.26888\cdots$

$100x=26.888\cdots$

$1000x=268.888\cdots$이므로

$\quad 1000x=268.888\cdots$

$-)\ \ \ 100x=\ \ 26.888\cdots$

$\quad\ \ \ 900x=242$

$\therefore x=\dfrac{242}{900}=\dfrac{121}{450}$

12 순환소수를 분수로 나타내기 (3) : 공식 ①   p. 29 ~ p. 30

1-1 $9, 1$ **1-2** $42, 99, \dfrac{14}{33}, 2$

2-1 $621, 999, \dfrac{23}{37}, 3$ **2-2** $123, 999, \dfrac{41}{333}, 3$

3-1 $2, 9, \dfrac{23}{9}, 1$ **3-2** $2, 99, \dfrac{211}{99}, 2$

4-1 $\dfrac{1}{3}$ **4-2** $\dfrac{1}{99}$

5-1 $\dfrac{56}{99}$ **5-2** $\dfrac{43}{333}$

6-1 $\dfrac{77}{9}$ **6-2** $\dfrac{5}{3}$

7-1 $\dfrac{34}{9}$ **7-2** $\dfrac{346}{99}$

8-1 $\dfrac{47}{33}$ **8-2** $\dfrac{201}{37}$

4-1 $0.\dot{3}=\dfrac{3}{9}=\dfrac{1}{3}$

5-2 $0.\dot{1}2\dot{9}=\dfrac{129}{999}=\dfrac{43}{333}$

6-1 $8.\dot{5}=\dfrac{85-8}{9}=\dfrac{77}{9}$

6-2 $1.\dot{6}=\dfrac{16-1}{9}=\dfrac{15}{9}=\dfrac{5}{3}$

7-1 $3.\dot{7}=\dfrac{37-3}{9}=\dfrac{34}{9}$

7-2 $3.\dot{4}\dot{9}=\dfrac{349-3}{99}=\dfrac{346}{99}$

8-1 $1.\dot{4}\dot{2}=\dfrac{142-1}{99}=\dfrac{141}{99}=\dfrac{47}{33}$

8-2 $5.\dot{4}3\dot{2}=\dfrac{5432-5}{999}=\dfrac{5427}{999}=\dfrac{201}{37}$

13 순환소수를 분수로 나타내기(4) : 공식 ② p.31~p.32

1-1 $2,90,\dfrac{7}{30},1,1$ **1-2** $21,90,\dfrac{13}{6},1,1$

2-1 $26,900,\dfrac{119}{450},1,2$ **2-2** $10,900,\dfrac{97}{900},1,2$

3-1 $432,4,990,\dfrac{214}{495},2,1$ **3-2** $12,990,\dfrac{68}{55},2,1$

4-1 $\dfrac{7}{90}$ **4-2** $\dfrac{23}{90}$

5-1 $\dfrac{62}{45}$ **5-2** $\dfrac{49}{15}$

6-1 $\dfrac{371}{450}$ **6-2** $\dfrac{13}{100}$

7-1 $\dfrac{362}{495}$ **7-2** $\dfrac{26}{55}$

8-1 $\dfrac{207}{55}$ **8-2** $\dfrac{1279}{495}$

4-2 $0.2\dot{5}=\dfrac{25-2}{90}=\dfrac{23}{90}$

5-1 $1.3\dot{7}=\dfrac{137-13}{90}=\dfrac{124}{90}=\dfrac{62}{45}$

5-2 $3.2\dot{6}=\dfrac{326-32}{90}=\dfrac{294}{90}=\dfrac{49}{15}$

6-1 $0.82\dot{4}=\dfrac{824-82}{900}=\dfrac{742}{900}=\dfrac{371}{450}$

6-2 $0.12\dot{9}=\dfrac{129-12}{900}=\dfrac{117}{900}=\dfrac{13}{100}$

7-1 $0.7\dot{3}\dot{1}=\dfrac{731-7}{990}=\dfrac{724}{990}=\dfrac{362}{495}$

7-2 $0.4\dot{7}\dot{2}=\dfrac{472-4}{990}=\dfrac{468}{990}=\dfrac{26}{55}$

8-1 $3.7\dot{6}\dot{3}=\dfrac{3763-37}{990}=\dfrac{3726}{990}=\dfrac{207}{55}$

8-2 $2.5\dot{8}\dot{3}=\dfrac{2583-25}{990}=\dfrac{2558}{990}=\dfrac{1279}{495}$

14 순환소수를 분수로 나타내기(5) : 종합 p.33

1-1 (1) × (2) ○ (3) ○ (4) × (5) ×
1-2 (1) ○ (2) × (3) ○ (4) × (5) ○
2-1 (1) ○ (2) × (3) × (4) ○ (5) ○
2-2 (1) × (2) ○ (3) ○ (4) × (5) ○

1-1 (1) 순환마디는 2이다.

　　(4) 분수로 나타내면 $\dfrac{132-13}{90}$이다.

　　(5) 무한소수이다.

1-2 (2) 분수로 나타낼 때 가장 편리한 식은 $1000x-100x$이다.

　　(4) 순환마디는 3이다.

2-1 (2) 분수로 나타낼 때 가장 편리한 식은 $1000x-10x$이다.

　　(3) 분수로 나타내면 $\dfrac{263-2}{990}=\dfrac{261}{990}=\dfrac{29}{110}$이다.

2-2 (1) 무한소수이다.

　　(4) 분수로 나타내면 $\dfrac{34}{99}$이다.

STEP 2

기본연산 집중연습 | 10~14 p.34~p.35

1-1 $100,99,\dfrac{16}{99}$ **1-2** $1000,129,129,\dfrac{43}{333}$

1-3 $10,90,90,\dfrac{11}{30}$ **1-4** $10,990,990,\dfrac{47}{330}$

2-1 $72,\dfrac{8}{11}$ **2-2** $23,213,\dfrac{71}{30}$

2-3 $1763,1746,\dfrac{97}{55}$ **2-4** $4,\dfrac{43}{9}$

2-5 $205,185,\dfrac{37}{180}$ **2-6** $1,999,\dfrac{1345}{999}$

3-1 × **3-2** ×
3-3 ○ **3-4** ○
3-5 ○ **3-6** ○
3-7 ○ **3-8** ×
3-9 × **3-10** ○
3-11 ○ **3-12** ×

3-1 $7.\dot{3}=\dfrac{73-7}{9}=\dfrac{66}{9}=\dfrac{22}{3}$

3-2 $0.2\dot{6}=\dfrac{26-2}{90}=\dfrac{24}{90}=\dfrac{4}{15}$

3-3 $2.9\dot{1}=\dfrac{291-29}{90}=\dfrac{262}{90}=\dfrac{131}{45}$

3-4 $1.\dot{3}\dot{6}=\dfrac{136-1}{99}=\dfrac{135}{99}=\dfrac{15}{11}$

3-5 $0.1\dot{8}=\dfrac{18-1}{90}=\dfrac{17}{90}$

3-6 $0.12\dot{5}=\dfrac{125-1}{990}=\dfrac{124}{990}=\dfrac{62}{495}$

3-7 $3.\dot{5}4\dot{5}=\dfrac{3545-3}{999}=\dfrac{3542}{999}$

3-8 $1.3\dot{5}\dot{8}=\dfrac{1358-13}{990}=\dfrac{1345}{990}=\dfrac{269}{198}$

3-9 $0.21\dot{5}=\dfrac{215-21}{900}=\dfrac{194}{900}=\dfrac{97}{450}$

3-10 $0.\dot{2}0\dot{4}=\dfrac{204}{999}=\dfrac{68}{333}$

3-11 $4.7\dot{3}\dot{6}=\dfrac{4736-47}{990}=\dfrac{4689}{990}=\dfrac{521}{110}$

3-12 $0.\dot{0}\dot{5}=\dfrac{5}{99}$

STEP 3

기본연산 테스트

p. 36 ~ p. 37

1 (1) $\dfrac{6}{2}$ (2) $-1,\,0,\,\dfrac{6}{2}$

   (3) $-3.2,\,\dfrac{3}{5}$ (4) $-3.2,\,-1,\,0,\,\dfrac{3}{5},\,\dfrac{6}{2}$

2 (1) $0.1666\cdots$, 무한소수 (2) 0.4, 유한소수
   (3) $0.444\cdots$, 무한소수 (4) $0.41666\cdots$, 무한소수
   (5) 0.16, 유한소수

3 (1) $3,\,0.27\dot{3}$ (2) $34,\,0.0\dot{3}\dot{4}$ (3) $80,\,1.\dot{8}\dot{0}$
   (4) $026,\,3.\dot{0}2\dot{6}$ (5) $324,\,2.5\dot{3}2\dot{4}$

4 1

5 (1) 1.4 (2) 0.28 (3) 0.65 (4) 0.075

6 (1) × (2) ○ (3) × (4) × (5) ○

7 (1) $100,\,99,\,99,\,\dfrac{4}{33}$ (2) $1000,\,128,\,128,\,\dfrac{64}{495}$

8 (1) $\dfrac{68}{99}$ (2) $\dfrac{16}{9}$ (3) $\dfrac{310}{33}$ (4) $\dfrac{2}{45}$

   (5) $\dfrac{109}{90}$ (6) $\dfrac{23}{150}$ (7) $\dfrac{53}{495}$ (8) $\dfrac{427}{198}$

9 (1) ○ (2) × (3) ○ (4) ○ (5) ×

---

4 순환소수 $0.\dot{7}1428\dot{5}$의 순환마디의 숫자의 개수는 7, 1, 4, 2, 8, 5의 6개이므로 $2018=6\times336+2$
따라서 소수점 아래 2018번째 자리의 숫자는 순환마디가 336번 반복되고 순환마디의 2번째 숫자인 1이다.

5 (1) $\dfrac{7}{5}=\dfrac{7\times2}{5\times2}=\dfrac{14}{10}=1.4$

   (2) $\dfrac{7}{25}=\dfrac{7\times2^2}{5^2\times2^2}=\dfrac{28}{100}=0.28$

   (3) $\dfrac{13}{20}=\dfrac{13\times5}{2^2\times5\times5}=\dfrac{65}{100}=0.65$

   (4) $\dfrac{3}{40}=\dfrac{3\times5^2}{2^3\times5\times5^2}=\dfrac{75}{1000}=0.075$

6 (1) $\dfrac{6}{45}=\dfrac{2}{15}=\dfrac{2}{3\times5}$

   (2) $\dfrac{9}{60}=\dfrac{3}{20}=\dfrac{3}{2^2\times5}$ ➡ 유한소수

   (3) $\dfrac{10}{144}=\dfrac{5}{72}=\dfrac{5}{2^3\times3^2}$

   (4) $\dfrac{6}{56}=\dfrac{3}{28}=\dfrac{3}{2^2\times7}$

   (5) $\dfrac{27}{120}=\dfrac{9}{40}=\dfrac{9}{2^3\times5}$ ➡ 유한소수

8 (2) $1.\dot{7}=\dfrac{17-1}{9}=\dfrac{16}{9}$

   (3) $9.\dot{3}\dot{9}=\dfrac{939-9}{99}=\dfrac{930}{99}=\dfrac{310}{33}$

   (4) $0.0\dot{4}=\dfrac{4}{90}=\dfrac{2}{45}$

   (5) $1.2\dot{1}=\dfrac{121-12}{90}=\dfrac{109}{90}$

   (6) $0.15\dot{3}=\dfrac{153-15}{900}=\dfrac{138}{900}=\dfrac{23}{150}$

   (7) $0.1\dot{0}\dot{7}=\dfrac{107-1}{990}=\dfrac{106}{990}=\dfrac{53}{495}$

   (8) $2.1\dot{5}\dot{6}=\dfrac{2156-21}{990}=\dfrac{2135}{990}=\dfrac{427}{198}$

9 (2) 순환마디는 05이다.
   (5) $0.2\dot{0}\dot{5}$로 나타낼 수 있다.

2
식의 계산

STEP 1

01 거듭제곱
p. 40

1-1 3
1-2 7^4
2-1 $3^3 \times 5^2$
2-2 $5^3 \times 7^2$
3-1 x^3
3-2 x^6
4-1 a^2
4-2 a^4
5-1 2, 3
5-2 $x^5 y^2$
6-1 $a^3 b^5$
6-2 $x^4 y^4$

02 지수법칙 (1) : 지수의 합
p. 41 ~ p. 42

1-1 2, 4, 6
1-2 a^8
2-1 3^{10}
2-2 7^{11}
3-1 x^{10}
3-2 b^6
4-1 a^{23}
4-2 a^9
5-1 x^{12}
5-2 x^{14}
6-1 b^{16}
6-2 y^{12}
7-1 2, 3, 4, 9
7-2 2^7
8-1 a^9
8-2 b^8
9-1 x^{18}
9-2 a^{10}
10-1 y^{10}
10-2 x^{13}
11-1 1, 1, 3, 3
11-2 $a^{10} b^5$
12-1 $x^8 y^3$
12-2 $x^3 y^5$
13-1 $x^6 y^8$
13-2 $a^5 b^6$
14-1 $x^8 y^7$
14-2 $a^9 b^8$

11-2 $a^8 \times a^2 \times b^2 \times b^3 = a^{8+2} \times b^{2+3} = a^{10} b^5$

12-1 $x^6 \times x^2 \times y^2 \times y = x^{6+2} \times y^{2+1} = x^8 y^3$

12-2 $x \times x^2 \times y^2 \times y^3 = x^{1+2} \times y^{2+3} = x^3 y^5$

13-1 $x^4 \times y^2 \times x^2 \times y^6 = x^{4+2} \times y^{2+6} = x^6 y^8$

13-2 $a^3 \times b \times a^2 \times b^5 = a^{3+2} \times b^{1+5} = a^5 b^6$

14-1 $x \times x^2 \times x^5 \times y \times y^6 = x^{1+2+5} \times y^{1+6} = x^8 y^7$

14-2 $a^4 \times a^3 \times a^2 \times b \times b^7 = a^{4+3+2} \times b^{1+7} = a^9 b^8$

03 지수법칙 (2) : 지수의 곱
p. 43 ~ p. 44

1-1 2, 8
1-2 x^8
2-1 3^{14}
2-2 2^{12}
3-1 a^{15}
3-2 a^{20}
4-1 a^{20}
4-2 x^9
5-1 y^{24}
5-2 x^{28}
6-1 5^{10}
6-2 b^{20}
7-1 2, 8, 9
7-2 a^{10}
8-1 x^{14}
8-2 x^{27}
9-1 y^{16}
9-2 x^{16}
10-1 b^{21}
10-2 a^{26}
11-1 x^{34}
11-2 y^{22}
12-1 2, 5, 6, 15
12-2 $a^{10} b^6$
13-1 $a^{13} b^{20}$
13-2 $x^3 y^{14}$
14-1 $a^{13} b^{23}$
14-2 $a^{20} b^{12}$

7-2 $a^4 \times (a^2)^3 = a^4 \times a^{2 \times 3} = a^4 \times a^6 = a^{10}$

8-1 $(x^3)^2 \times (x^2)^4 = x^{3 \times 2} \times x^{2 \times 4} = x^6 \times x^8 = x^{14}$

8-2 $(x^2)^6 \times (x^3)^5 = x^{2 \times 6} \times x^{3 \times 5} = x^{12} \times x^{15} = x^{27}$

9-1 $(y^2)^2 \times (y^4)^3 = y^{2 \times 2} \times y^{4 \times 3} = y^4 \times y^{12} = y^{16}$

9-2 $x \times (x^5)^3 = x \times x^{5 \times 3} = x \times x^{15} = x^{16}$

10-1 $(b^4)^3 \times (b^3)^3 = b^{4 \times 3} \times b^{3 \times 3} = b^{12} \times b^9 = b^{21}$

10-2 $(a^2)^6 \times (a^7)^2 = a^{2 \times 6} \times a^{7 \times 2} = a^{12} \times a^{14} = a^{26}$

11-1 $(x^5)^2 \times (x^6)^4 = x^{5 \times 2} \times x^{6 \times 4} = x^{10} \times x^{24} = x^{34}$

11-2 $(y^3)^4 \times y^{10} = y^{3 \times 4} \times y^{10} = y^{12} \times y^{10} = y^{22}$

12-2 $(a^5)^2 \times (b^2)^3 = a^{5 \times 2} \times b^{2 \times 3} = a^{10} b^6$

13-1 $a^5 \times (a^2)^4 \times (b^4)^5 = a^5 \times a^{2 \times 4} \times b^{4 \times 5}$
$= a^5 \times a^8 \times b^{20}$
$= a^{13} b^{20}$

13-2 $x^3 \times (y^2)^3 \times (y^4)^2 = x^3 \times y^{2 \times 3} \times y^{4 \times 2}$
$= x^3 \times y^6 \times y^8$
$= x^3 y^{14}$

14-1 $a \times (a^3)^4 \times b^2 \times (b^7)^3 = a \times a^{3 \times 4} \times b^2 \times b^{7 \times 3}$
$= a \times a^{12} \times b^2 \times b^{21}$
$= a^{13} b^{23}$

14-2 $a^{10} \times b^3 \times (a^5)^2 \times (b^3)^3 = a^{10} \times b^3 \times a^{5 \times 2} \times b^{3 \times 3}$
$= a^{10} \times a^{10} \times b^3 \times b^9$
$= a^{20} b^{12}$

04 지수법칙 (3) : 지수의 차　　　　p. 45 ~ p. 46

1-1　$5, 3, 2$	1-2　5^5
2-1　x^3	2-2　x^7
3-1　a^6	3-2　a^4
4-1　x^8	4-2　x
5-1　1	5-2　1
6-1　1	6-2　1
7-1　$8, 4, 4$	7-2　$\dfrac{1}{x^9}$
8-1　$\dfrac{1}{2^2}$	8-2　$\dfrac{1}{x^4}$
9-1　$\dfrac{1}{a^5}$	9-2　$\dfrac{1}{a^8}$
10-1　x^8	10-2　x^4
11-1　$\dfrac{1}{x^2}$	11-2　$\dfrac{1}{x^{12}}$
12-1　$4, 2, 2, 8, 2, 6$	12-2　x
13-1　$\dfrac{1}{x^3}$	13-2　1

10-1　$x^{16} \div (x^2)^4 = x^{16} \div x^{2 \times 4}$
$$= x^{16} \div x^8$$
$$= x^{16-8} = x^8$$

10-2　$(x^5)^2 \div (x^3)^2 = x^{5 \times 2} \div x^{3 \times 2}$
$$= x^{10} \div x^6$$
$$= x^{10-6} = x^4$$

11-1　$(x^2)^4 \div x^{10} = x^{2 \times 4} \div x^{10}$
$$= x^8 \div x^{10}$$
$$= \frac{1}{x^{10-8}} = \frac{1}{x^2}$$

11-2　$(x^2)^3 \div (x^9)^2 = x^{2 \times 3} \div x^{9 \times 2}$
$$= x^6 \div x^{18}$$
$$= \frac{1}{x^{18-6}} = \frac{1}{x^{12}}$$

12-2　$x^5 \div x \div x^3 = x^{5-1} \div x^3$
$$= x^4 \div x^3$$
$$= x^{4-3} = x$$

13-1　$x^8 \div x^2 \div x^9 = x^{8-2} \div x^9$
$$= x^6 \div x^9$$
$$= \frac{1}{x^{9-6}} = \frac{1}{x^3}$$

13-2　$a^{10} \div a^3 \div a^7 = a^{10-3} \div a^7$
$$= a^7 \div a^7$$
$$= 1$$

05 지수법칙을 이용하여 미지수 구하기 (1)　　　　p. 47 ~ p. 49

1-1　8	1-2　3
2-1　4	2-2　9
3-1　6	3-2　11
4-1　4	4-2　7
5-1　3	5-2　1
6-1　2	6-2　7
7-1　4	7-2　4
8-1　2	8-2　7
9-1　8	9-2　5
10-1　6	10-2　1
11-1　9	11-2　6
12-1　7	12-2　3
13-1　4	13-2　7
14-1　5	14-2　1
15-1　5	15-2　7
16-1　13	16-2　2
17-1　6	17-2　2
18-1　8	18-2　6

1-1　$x^{\square} \times x^2 = x^{\square+2} = x^{10}$에서 $\square + 2 = 10$　　$\therefore \square = 8$

1-2　$x \times x^{\square} = x^4$에서 $1 + \square = 4$　　$\therefore \square = 3$

2-1　$a^{\square} \times a^7 = a^{\square+7} = a^{11}$에서 $\square + 7 = 11$　　$\therefore \square = 4$

2-2　$a^{\square} \times a = a^{\square+1} = a^{10}$에서 $\square + 1 = 10$　　$\therefore \square = 9$

3-1　$2^3 \times 2^{\square} = 2^{3+\square} = 2^9$에서 $3 + \square = 9$　　$\therefore \square = 6$

3-2　$a^4 \times a^{\square} = a^{4+\square} = a^{15}$에서 $4 + \square = 15$　　$\therefore \square = 11$

4-1　$x^3 \times x^{\square} \times x = x^{3+\square+1} = x^8$에서
$3 + \square + 1 = 8$　　$\therefore \square = 4$

4-2　$x \times x^2 \times x^{\square} = x^{1+2+\square} = x^{10}$에서
$1 + 2 + \square = 10$　　$\therefore \square = 7$

5-1　$a^6 \times a^{\square} \times a^2 = a^{6+\square+2} = a^{11}$에서
$6 + \square + 2 = 11$　　$\therefore \square = 3$

5-2　$a^3 \times a^{\square} \times a^2 = a^{3+\square+2} = a^6$에서
$3 + \square + 2 = 6$　　$\therefore \square = 1$

6-1　$(x^{\square})^6 = x^{\square \times 6} = x^{12}$에서 $\square \times 6 = 12$　　$\therefore \square = 2$

6-2　$(a^3)^{\square} = a^{3 \times \square} = a^{21}$에서 $3 \times \square = 21$　　$\therefore \square = 7$

7-1　$(x^{\square})^5 = x^{\square \times 5} = x^{20}$에서 $\square \times 5 = 20$　　$\therefore \square = 4$

7-2　$(3^3)^{\square} = 3^{3 \times \square} = 3^{12}$에서 $3 \times \square = 12$　　$\therefore \square = 4$

8-1　$(x^{\square})^3 = x^{\square \times 3} = x^6$에서 $\square \times 3 = 6$　　$\therefore \square = 2$

8-2　$(a^4)^{\square} = a^{4 \times \square} = a^{28}$에서 $4 \times \square = 28$　　$\therefore \square = 7$

9-1 $a^\square \div a^3 = a^{\square-3} = a^5$에서 $\square - 3 = 5$ ∴ $\square = 8$

9-2 $x^6 \div x^\square = x^{6-\square} = x$에서 $6 - \square = 1$ ∴ $\square = 5$

10-1 $a^\square \div a = a^{\square-1} = a^5$에서 $\square - 1 = 5$ ∴ $\square = 6$

10-2 $a^4 \div a^\square = a^{4-\square} = a^3$에서 $4 - \square = 3$ ∴ $\square = 1$

11-1 $x^\square \div x^8 = x^{\square-8} = x$에서 $\square - 8 = 1$ ∴ $\square = 9$

11-2 $x^9 \div x^\square = x^{9-\square} = x^3$에서 $9 - \square = 3$ ∴ $\square = 6$

12-1 $2^\square \div 2^4 = 2^{\square-4} = 2^3$에서 $\square - 4 = 3$ ∴ $\square = 7$

12-2 $3^5 \div 3^\square = 3^{5-\square} = 3^2$에서 $5 - \square = 2$ ∴ $\square = 3$

15-1 $x^3 \div x^\square = \dfrac{1}{x^{\square-3}} = \dfrac{1}{x^2}$에서 $\square - 3 = 2$ ∴ $\square = 5$

15-2 $x^\square \div x^9 = \dfrac{1}{x^{9-\square}} = \dfrac{1}{x^2}$에서 $9 - \square = 2$ ∴ $\square = 7$

16-1 $a^{10} \div a^\square = \dfrac{1}{a^{\square-10}} = \dfrac{1}{a^3}$에서 $\square - 10 = 3$ ∴ $\square = 13$

16-2 $a^\square \div a^7 = \dfrac{1}{a^{7-\square}} = \dfrac{1}{a^5}$에서 $7 - \square = 5$ ∴ $\square = 2$

17-1 $x^3 \div x^\square = \dfrac{1}{x^{\square-3}} = \dfrac{1}{x^3}$에서 $\square - 3 = 3$ ∴ $\square = 6$

17-2 $x^\square \div x^3 = \dfrac{1}{x^{3-\square}} = \dfrac{1}{x}$에서 $3 - \square = 1$ ∴ $\square = 2$

18-1 $5^4 \div 5^\square = \dfrac{1}{5^{\square-4}} = \dfrac{1}{5^4}$에서 $\square - 4 = 4$ ∴ $\square = 8$

18-2 $2^\square \div 2^9 = \dfrac{1}{2^{9-\square}} = \dfrac{1}{2^3}$에서 $9 - \square = 3$ ∴ $\square = 6$

STEP 2

기본연산 집중연습 | 01~05
p. 50 ~ p. 51

1-1 a^7	**1-2** x^8
1-3 1	**1-4** a
1-5 x^{15}	**1-6** b^2
1-7 x^{14}	**1-8** $\dfrac{1}{x^2}$
1-9 1	**1-10** a^5b^{11}
1-11 x^4	**1-12** 5^{12}
1-13 $\dfrac{1}{a^4}$	**1-14** a^8
1-15 a^{18}	**1-16** $\dfrac{1}{x}$
1-17 x^4	**1-18** x^{10}
2 (다)	

1-4 $a^4 \div a^2 \div a = a^{4-2} \div a = a^2 \div a = a^{2-1} = a$

1-6 $b^8 \div (b^3)^2 = b^8 \div b^{3\times2} = b^8 \div b^6 = b^{8-6} = b^2$

1-7 $(x^4)^2 \times (x^3)^2 = x^{4\times2} \times x^{3\times2} = x^8 \times x^6 = x^{8+6} = x^{14}$

1-9 $(a^5)^3 \div (a^3)^5 = a^{5\times3} \div a^{3\times5} = a^{15} \div a^{15} = 1$

1-10 $a^3 \times a^2 \times b \times b^{10} = a^{3+2} \times b^{1+10} = a^5 b^{11}$

1-13 $(a^4)^3 \div (a^2)^8 = a^{4\times3} \div a^{2\times8} = a^{12} \div a^{16} = \dfrac{1}{a^{16-12}} = \dfrac{1}{a^4}$

1-15 $(a^4)^2 \times (a^2)^5 = a^{4\times2} \times a^{2\times5} = a^8 \times a^{10} = a^{8+10} = a^{18}$

1-16 $x^9 \div x^7 \div x^3 = x^{9-7} \div x^3 = x^2 \div x^3 = \dfrac{1}{x^{3-2}} = \dfrac{1}{x}$

1-18 $(x^2)^2 \times (x^3)^2 = x^{2\times2} \times x^{3\times2} = x^4 \times x^6 = x^{4+6} = x^{10}$

2

$3^7 \times 3^5 = 3^{35}$	$a^{10} \div a^5 = a^5$	$x^7 \times x^2 = x^9$	$(a^2)^4 \times a = a^7$
$(x^2)^3 \div x^5 = 1$	$a^2 \times b^5 \times a^3 \times b = a^5 b^6$	$(a^2)^7 = a^9$	$a^3 + a^3 = a^6$
$(a^3)^4 = a^7$	$(x^4)^2 \div (x^2)^4 = 1$	$a^4 \times a^2 = a^8$	$a^{10} \times a^2 = a^8$
$x^2 \times x^4 = x^8$	$(a^5)^2 = a^{10}$	$x^5 \div x^4 \div x^2 = x$	$x^5 \div x^{10} = -x^5$
$x^7 \div x^7 = x$	$(a^3)^2 \div (a^3)^3 = \dfrac{1}{a^3}$	$a^4 \times a^5 = a^9$	$a^5 \div a^5 = 0$

STEP 1

06 지수법칙 (4) : 지수의 분배 ①
p. 52 ~ p. 53

1-1 $2, 2, 2, 4, 6$	**1-2** $a^{12}b^{18}$
2-1 x^3y^6	**2-2** x^4y^4
3-1 $x^{10}y^{15}$	**3-2** $a^{28}b^{14}$
4-1 a^6b^8	**4-2** $a^{12}b^8$
5-1 $x^{18}y^6$	**5-2** a^8b^{10}
6-1 $x^{12}y^{12}$	**6-2** $a^{15}b^{20}$
7-1 $2, 3, 2, 25, 6$	**7-2** $4a^8$
8-1 $27y^{15}$	**8-2** $64x^6$
9-1 $3, 3, 3, 8, 3, 6$	**9-2** $27a^{15}b^3$
10-1 $4x^6y^6$	**10-2** $625x^8y^4$
11-1 $16x^{12}y^{16}$	**11-2** $64a^{15}b^6$
12-1 $9a^{10}b^8$	**12-2** $64a^{12}b^{18}$
13-1 $\dfrac{1}{27}x^6y^3$	**13-2** $\dfrac{1}{4}a^6b^8$

7-2 $(2a^4)^2=2^2a^{4\times2}=4a^8$

8-1 $(3y^5)^3=3^3y^{5\times3}=27y^{15}$

8-2 $(4x^2)^3=4^3x^{2\times3}=64x^6$

9-2 $(3a^5b)^3=3^3a^{5\times3}b^3=27a^{15}b^3$

10-1 $(2x^3y^3)^2=2^2x^{3\times2}y^{3\times2}=4x^6y^6$

10-2 $(5x^2y)^4=5^4x^{2\times4}y^4=625x^8y^4$

11-1 $(2x^3y^4)^4=2^4x^{3\times4}y^{4\times4}=16x^{12}y^{16}$

11-2 $(4a^5b^2)^3=4^3a^{5\times3}b^{2\times3}=64a^{15}b^6$

12-1 $(3a^5b^4)^2=3^2a^{5\times2}b^{4\times2}=9a^{10}b^8$

12-2 $(2a^2b^3)^6=2^6a^{2\times6}b^{3\times6}=64a^{12}b^{18}$

13-1 $\left(\dfrac{1}{3}x^2y\right)^3=\left(\dfrac{1}{3}\right)^3x^{2\times3}y^3=\dfrac{1}{27}x^6y^3$

13-2 $\left(\dfrac{1}{2}a^3b^4\right)^2=\left(\dfrac{1}{2}\right)^2a^{3\times2}b^{4\times2}=\dfrac{1}{4}a^6b^8$

---

07 지수법칙 (5) : 지수의 분배 ② p. 54

1-1 $3, 3, -a^3$ **1-2** $-8x^6$

2-1 $9a^8$ **2-2** x^{16}

3-1 $5, 5, 5, -x^5y^{25}$ **3-2** $4a^6b^4$

4-1 $x^{20}y^8$ **4-2** $-8x^6y^3$

5-1 a^2b^2 **5-2** $25x^6y^{10}$

6-1 $-64x^6y^9$ **6-2** $-243a^{20}b^{20}$

1-2 $(-2x^2)^3=(-2)^3x^{2\times3}=-8x^6$

2-1 $(-3a^4)^2=(-3)^2a^{4\times2}=9a^8$

2-2 $(-x^4)^4=(-1)^4x^{4\times4}=x^{16}$

3-2 $(-2a^3b^2)^2=(-2)^2a^{3\times2}b^{2\times2}=4a^6b^4$

4-1 $(-x^5y^2)^4=(-1)^4x^{5\times4}y^{2\times4}=x^{20}y^8$

4-2 $(-2x^2y)^3=(-2)^3x^{2\times3}y^3=-8x^6y^3$

5-1 $(-ab)^2=(-1)^2a^2b^2=a^2b^2$

5-2 $(-5x^3y^5)^2=(-5)^2x^{3\times2}y^{5\times2}=25x^6y^{10}$

6-1 $(-4x^2y^3)^3=(-4)^3x^{2\times3}y^{3\times3}=-64x^6y^9$

6-2 $(-3a^4b^4)^5=(-3)^5a^{4\times5}b^{4\times5}=-243a^{20}b^{20}$

---

08 지수법칙 (6) : 지수의 분배 ③ p. 55 ~ p. 56

1-1 $4, 4, 4, 8$ **1-2** $\dfrac{x^6}{y^{15}}$

2-1 $\dfrac{y^4}{x^4}$ **2-2** $\dfrac{b^8}{a^{12}}$

3-1 $\dfrac{y^{12}}{x^6}$ **3-2** $\dfrac{y^6}{x^2}$

4-1 $\dfrac{a^{20}}{b^8}$ **4-2** $\dfrac{y^5}{x^{10}}$

5-1 $\dfrac{y^{30}}{x^{24}}$ **5-2** $\dfrac{b^{20}}{a^{50}}$

6-1 $4, 4, 8, 81$ **6-2** $\dfrac{a^6}{4}$

7-1 $\dfrac{27}{a^9}$ **7-2** $\dfrac{8}{x^{12}}$

8-1 $5, 5, 5, 32, 15, 25$ **8-2** $\dfrac{z^5}{x^{10}y^5}$

9-1 $\dfrac{b^3}{27a^9}$ **9-2** $\dfrac{25a^2}{b^6}$

10-1 $\dfrac{x^{20}}{32y^{15}}$ **10-2** $\dfrac{x^8}{y^4}$

11-1 $-\dfrac{x^6}{8y^{15}}$ **11-2** $-\dfrac{a^{10}}{b^{15}}$

12-1 $-\dfrac{8x^9}{y^{12}}$ **12-2** $\dfrac{x^{20}}{81y^4}$

6-2 $\left(\dfrac{a^3}{2}\right)^2=\dfrac{a^{3\times2}}{2^2}=\dfrac{a^6}{4}$

7-1 $\left(\dfrac{3}{a^3}\right)^3=\dfrac{3^3}{a^{3\times3}}=\dfrac{27}{a^9}$

7-2 $\left(\dfrac{2}{x^4}\right)^3=\dfrac{2^3}{x^{4\times3}}=\dfrac{8}{x^{12}}$

8-2 $\left(\dfrac{z}{x^2y}\right)^5=\dfrac{z^5}{x^{2\times5}y^5}=\dfrac{z^5}{x^{10}y^5}$

9-1 $\left(\dfrac{b}{3a^3}\right)^3=\dfrac{b^3}{3^3a^{3\times3}}=\dfrac{b^3}{27a^9}$

9-2 $\left(\dfrac{5a}{b^3}\right)^2=\dfrac{5^2a^2}{b^{3\times2}}=\dfrac{25a^2}{b^6}$

10-1 $\left(\dfrac{x^4}{2y^3}\right)^5=\dfrac{x^{4\times5}}{2^5y^{3\times5}}=\dfrac{x^{20}}{32y^{15}}$

10-2 $\left(-\dfrac{x^4}{y^2}\right)^2=(-1)^2\times\dfrac{x^{4\times2}}{y^{2\times2}}=\dfrac{x^8}{y^4}$

11-1 $\left(-\dfrac{x^2}{2y^5}\right)^3=(-1)^3\times\dfrac{x^{2\times3}}{2^3y^{5\times3}}=-\dfrac{x^6}{8y^{15}}$

11-2 $\left(-\dfrac{a^2}{b^3}\right)^5=(-1)^5\times\dfrac{a^{2\times5}}{b^{3\times5}}=-\dfrac{a^{10}}{b^{15}}$

12-1 $\left(-\dfrac{2x^3}{y^4}\right)^3=(-1)^3\times\dfrac{2^3x^{3\times3}}{y^{4\times3}}=-\dfrac{8x^9}{y^{12}}$

12-2 $\left(-\dfrac{x^5}{3y}\right)^4=(-1)^4\times\dfrac{x^{5\times4}}{3^4y^4}=\dfrac{x^{20}}{81y^4}$

1-1 6   **1-2** 3

2-1 2, 12   **2-2** 3, 20

3-1 4, 10   **3-2** 4, 18

4-1 4   **4-2** 5

5-1 3, 2   **5-2** 2, 12

1-1 $(x^3 y^\square)^3 = x^{3 \times 3} y^{\square \times 3} = x^9 y^{18}$에서

$\square \times 3 = 18$ $\therefore \square = 6$

1-2 $(x^\square y^2)^2 = x^{\square \times 2} y^{2 \times 2} = x^6 y^4$에서

$\square \times 2 = 6$ $\therefore \square = 3$

2-1 $(x^\square y^4)^3 = x^{\square \times 3} y^{4 \times 3} = x^6 y^\square$

$x^{\square \times 3} = x^6$에서 $\square \times 3 = 6$ $\therefore \square = 2$

$y^{4 \times 3} = y^\square$에서 $\square = 12$

2-2 $(x^5 y^\square)^4 = x^{5 \times 4} y^{\square \times 4} = x^\square y^{12}$

$y^{\square \times 4} = y^{12}$에서 $\square \times 4 = 12$ $\therefore \square = 3$

$x^{5 \times 4} = x^\square$에서 $\square = 20$

3-1 $(a^2 b^\square)^5 = a^{2 \times 5} b^{\square \times 5} = a^\square b^{20}$

$b^{\square \times 5} = b^{20}$에서 $\square \times 5 = 20$ $\therefore \square = 4$

$a^{2 \times 5} = a^\square$에서 $\square = 10$

3-2 $(a^\square b^3)^6 = a^{\square \times 6} b^{3 \times 6} = a^{24} b^\square$

$a^{\square \times 6} = a^{24}$에서 $\square \times 6 = 24$ $\therefore \square = 4$

$b^{3 \times 6} = b^\square$에서 $\square = 18$

4-1 $\left(\dfrac{x^\square}{y}\right)^4 = \dfrac{x^{\square \times 4}}{y^4} = \dfrac{x^{16}}{y^4}$에서

$\square \times 4 = 16$ $\therefore \square = 4$

4-2 $\left(\dfrac{a^\square}{b^2}\right)^3 = \dfrac{a^{\square \times 3}}{b^{2 \times 3}} = \dfrac{a^{15}}{b^6}$에서

$\square \times 3 = 15$ $\therefore \square = 5$

5-1 $\left(\dfrac{a^\square}{b}\right)^2 = \dfrac{a^{\square \times 2}}{b^2} = \dfrac{a^6}{b^\square}$

$a^{\square \times 2} = a^6$에서 $\square \times 2 = 6$ $\therefore \square = 3$

$b^2 = b^\square$에서 $\square = 2$

5-2 $\left(\dfrac{x^3}{y^\square}\right)^4 = \dfrac{x^{3 \times 4}}{y^{\square \times 4}} = \dfrac{x^\square}{y^8}$

$y^{\square \times 4} = y^8$에서 $\square \times 4 = 8$ $\therefore \square = 2$

$x^{3 \times 4} = x^\square$에서 $\square = 12$

1-1 a^{15} **1-2** 3^{12}

2-1 x^{13} **2-2** x^8

3-1 a^{14} **3-2** $a^5 b^5$

4-1 b^6 **4-2** 2^{20}

5-1 x^{21} **5-2** $x^{12} y^8$

6-1 $a^{14} b^{12}$ **6-2** $a^{12} b^{15}$

7-1 a^3 **7-2** 1

8-1 $\dfrac{1}{x^5}$ **8-2** 1

9-1 x **9-2** $\dfrac{1}{a^6}$

10-1 $x^8 y^4$ **10-2** $8a^6 b^3$

11-1 $16x^4 y^8$ **11-2** $-x^3 y^{12}$

12-1 $\dfrac{4x^2}{y^2}$ **12-2** $\dfrac{27a^6}{b^9}$

13-1 $\dfrac{x^{32}}{y^{16}}$ **13-2** $-\dfrac{b^9}{27a^3}$

3-2 $a^3 \times a^2 \times b^4 \times b = a^{3+2} \times b^{4+1} = a^5 b^5$

5-2 $(x^3)^4 \times (y^4)^2 = x^{3 \times 4} \times y^{4 \times 2} = x^{12} y^8$

6-1 $(a^3)^4 \times a^2 \times (b^4)^3 = a^{3 \times 4} \times a^2 \times b^{4 \times 3}$

$= a^{12} \times a^2 \times b^{12}$

$= a^{14} b^{12}$

6-2 $(a^2)^5 \times b^3 \times (b^6)^2 \times a^2 = a^{2 \times 5} \times b^3 \times b^{6 \times 2} \times a^2$

$= a^{10} \times b^3 \times b^{12} \times a^2$

$= a^{12} b^{15}$

8-2 $(a^3)^2 \div (a^2)^3 = a^{3 \times 2} \div a^{2 \times 3} = a^6 \div a^6 = 1$

9-1 $x^7 \div x^5 \div x = x^{7-5} \div x = x^2 \div x = x^{2-1} = x$

9-2 $(a^2)^2 \div a^2 \div a^8 = a^{2 \times 2} \div a^2 \div a^8 = a^4 \div a^2 \div a^8$

$= a^{4-2} \div a^8 = a^2 \div a^8$

$= \dfrac{1}{a^{8-2}} = \dfrac{1}{a^6}$

10-2 $(2a^2 b)^3 = 2^3 a^{2 \times 3} b^3 = 8a^6 b^3$

11-1 $(-4x^2 y^4)^2 = (-4)^2 x^{2 \times 2} y^{4 \times 2} = 16x^4 y^8$

11-2 $(-xy^4)^3 = (-1)^3 x^3 y^{4 \times 3} = -x^3 y^{12}$

12-1 $\left(\dfrac{2x}{y}\right)^2 = \dfrac{2^2 x^2}{y^2} = \dfrac{4x^2}{y^2}$

12-2 $\left(\dfrac{3a^2}{b^3}\right)^3 = \dfrac{3^3 a^{2 \times 3}}{b^{3 \times 3}} = \dfrac{27a^6}{b^9}$

13-1 $\left(-\dfrac{x^4}{y^2}\right)^8 = (-1)^8 \times \dfrac{x^{4 \times 8}}{y^{2 \times 8}} = \dfrac{x^{32}}{y^{16}}$

13-2 $\left(-\dfrac{b^3}{3a}\right)^3 = (-1)^3 \times \dfrac{b^{3 \times 3}}{3^3 a^3} = -\dfrac{b^9}{27a^3}$

기본연산 집중연습 | 06~10
p.60 ~ p.61

1-1	$x^{14}y^{21}$	1-2	$-8a^6b^9$
1-3	$x^{12}y^8$	1-4	$9x^4y^4$
1-5	$\dfrac{y^{15}}{x^9}$	1-6	$\dfrac{y^6}{x^8}$
1-7	$49x^2$	1-8	$x^{10}y^{15}$
1-9	$9x^{10}$	1-10	x^6y^3
1-11	$16a^8b^{12}$	1-12	$-27x^3y^6$
1-13	$\dfrac{x^3}{y^3}$	1-14	$\dfrac{a^6}{b^2}$
1-15	$-x^3y^6$	1-16	$\dfrac{9x^6}{y^8}$
1-17	$\dfrac{16a^{12}}{b^8}$	1-18	$-\dfrac{x^{10}}{32y^5}$
2-1	○	2-2	○
2-3	×	2-4	×
2-5	○	2-6	×
2-7	×	2-8	○
2-9	×	2-10	×
2-11	○	2-12	○

1-2 $(-2a^2b^3)^3=(-2)^3a^{2\times3}b^{3\times3}=-8a^6b^9$

1-4 $(3x^2y^2)^2=3^2x^{2\times2}y^{2\times2}=9x^4y^4$

1-7 $(-7x)^2=(-7)^2x^2=49x^2$

1-9 $(-3x^5)^2=(-3)^2x^{5\times2}=9x^{10}$

1-11 $(2a^2b^3)^4=2^4a^{2\times4}b^{3\times4}=16a^8b^{12}$

1-12 $(-3xy^2)^3=(-3)^3x^3y^{2\times3}=-27x^3y^6$

1-15 $(-xy^2)^3=(-1)^3x^3y^{2\times3}=-x^3y^6$

1-16 $\left(\dfrac{-3x^3}{y^4}\right)^2=\dfrac{(-3)^2x^{3\times2}}{y^{4\times2}}=\dfrac{9x^6}{y^8}$

1-17 $\left(-\dfrac{2a^3}{b^2}\right)^4=(-1)^4\times\dfrac{2^4a^{3\times4}}{b^{2\times4}}=\dfrac{16a^{12}}{b^8}$

1-18 $\left(-\dfrac{x^2}{2y}\right)^5=(-1)^5\times\dfrac{x^{2\times5}}{2^5y^5}=-\dfrac{x^{10}}{32y^5}$

2-3 $(a^2)^3=a^{2\times3}=a^6$

2-4 $x^3\div x^6=\dfrac{1}{x^{6-3}}=\dfrac{1}{x^3}$

2-6 $(2a)^3=2^3a^3=8a^3$

2-7 $(-x^3y)^3=(-1)^3x^{3\times3}y^3=-x^9y^3$

2-9 $\left(\dfrac{x^5}{y^3}\right)^2=\dfrac{x^{5\times2}}{y^{3\times2}}=\dfrac{x^{10}}{y^6}$

2-10 $(3xy^2)^3=3^3x^3y^{2\times3}=27x^3y^6$

11 (단항식) × (단항식)
p.62 ~ p.64

1-1	$15xy$	1-2	$14xy$
2-1	$4ab$	2-2	$\dfrac{1}{6}abc$
3-1	$6a^2b$	3-2	$\dfrac{1}{6}ab^2$
4-1	$-12ab$	4-2	$6ab$
5-1	$-2xy$	5-2	$\dfrac{1}{2}xy$
6-1	$-8ab^2$	6-2	$-a^2b$
7-1	$-6a^3$	7-2	$-12x^4$
8-1	$2a^5$	8-2	$-6x^7$
9-1	$-10x^3y^4$	9-2	$2a^4b^3$
10-1	$3x^3y^2$	10-2	$6x^3y^3$
11-1	$-12x^2y^3$	11-2	$2a^5b$
12-1	$-3x^3y^4$	12-2	$2a^6b^3$
13-1	$\dfrac{7}{2}x^3y^2$	13-2	$24ab^4$
14-1	$16x^{10}$	14-2	$-16x^4y$
15-1	$-128a^5b^4$	15-2	$5x^6y^7$
16-1	$8a^{11}b^7$	16-2	$-\dfrac{3}{32}x^3y^5$
17-1	$\dfrac{a^9}{b^3}$	17-2	$\dfrac{y^3}{27x}$
18-1	$-32x^8y^{12}$	18-2	$8a^4b$

13-2 $-3ab\times(-2b)^3=-3ab\times(-8b^3)=24ab^4$

14-1 $(-4x)^2\times(-x^2)^4=16x^2\times x^8=16x^{10}$

14-2 $(-2x)^3\times2xy=-8x^3\times2xy=-16x^4y$

15-1 $2a^2b\times(-4ab)^3=2a^2b\times(-64a^3b^3)=-128a^5b^4$

15-2 $5x^2y\times(x^2y^3)^2=5x^2y\times x^4y^6=5x^6y^7$

16-1 $(ab^2)^2\times(2a^3b)^3=a^2b^4\times8a^9b^3=8a^{11}b^7$

16-2 $\left(-\dfrac{3}{8}xy\right)^2\times\left(-\dfrac{2}{3}xy^3\right)=\dfrac{9}{64}x^2y^2\times\left(-\dfrac{2}{3}xy^3\right)$
$$=-\dfrac{3}{32}x^3y^5$$

17-1 $(a^2b)^3\times\left(\dfrac{a}{b^2}\right)^3=a^6b^3\times\dfrac{a^3}{b^6}=\dfrac{a^9}{b^3}$

17-2 $(-xy^3)^2\times\left(\dfrac{1}{3xy}\right)^3=x^2y^6\times\dfrac{1}{27x^3y^3}=\dfrac{y^3}{27x}$

18-1 $(2xy^2)^3\times(-4xy^4)\times(-x^2y)^2$
$$=8x^3y^6\times(-4xy^4)\times x^4y^2=-32x^8y^{12}$$

18-2 $(-2ab)^3\times\left(-\dfrac{a}{b^2}\right)^3\times\left(\dfrac{b^2}{a}\right)^2$
$$=-8a^3b^3\times\left(-\dfrac{a^3}{b^6}\right)\times\dfrac{b^4}{a^2}=8a^4b$$

12 역수

p. 65

1-1 $-\dfrac{1}{4a}$ 1-2 $\dfrac{1}{3ab}$

2-1 $\dfrac{1}{5x}$ 2-2 $-\dfrac{1}{2a^2}$

3-1 $\dfrac{3}{x}$ 3-2 $-\dfrac{5}{4xy}$

4-1 $-\dfrac{3}{2x}$ 4-2 $\dfrac{10}{9ab^4}$

5-1 $-\dfrac{y}{18x}$ 5-2 $\dfrac{2}{ab^2}$

13 (단항식)÷(단항식)

p. 66 ~ p. 67

1-1 $8xy,\ 2y$ 1-2 $-\dfrac{1}{2}a$

2-1 $\dfrac{3}{4}a^2$ 2-2 $-3x^2$

3-1 $3a^2$ 3-2 $-2a^2b$

4-1 $4a$ 4-2 $-\dfrac{n}{2m}$

5-1 $\dfrac{24a}{b}$ 5-2 $\dfrac{x}{4y^2}$

6-1 $\dfrac{4}{x},\ 4x$ 6-2 $36a^2$

7-1 $4a^2$ 7-2 $-5a$

8-1 6 8-2 $28x^3$

9-1 $\dfrac{5}{3a^2b},\ 10ab$ 9-2 $-\dfrac{3a}{2b^2}$

10-1 $6a$ 10-2 $-2xy^2$

11-1 $\dfrac{20a}{b}$ 11-2 $\dfrac{8}{3}x^2y$

1-2 $-7ab \div 14b = \dfrac{-7ab}{14b} = -\dfrac{1}{2}a$

2-1 $3a^3 \div 4a = \dfrac{3a^3}{4a} = \dfrac{3}{4}a^2$

2-2 $-15x^4 \div 5x^2 = \dfrac{-15x^4}{5x^2} = -3x^2$

3-1 $6a^3b \div 2ab = \dfrac{6a^3b}{2ab} = 3a^2$

3-2 $8a^4b^3 \div (-4a^2b^2) = \dfrac{8a^4b^3}{-4a^2b^2} = -2a^2b$

4-1 $(-6a)^2 \div 9a = 36a^2 \div 9a = \dfrac{36a^2}{9a} = 4a$

4-2 $4m^2n \div (-2m)^3 = 4m^2n \div (-8m^3)$
$= \dfrac{4m^2n}{-8m^3} = -\dfrac{n}{2m}$

5-1 $24a^3b \div (ab)^2 = 24a^3b \div a^2b^2 = \dfrac{24a^3b}{a^2b^2} = \dfrac{24a}{b}$

5-2 $x^5y^4 \div (2x^2y^3)^2 = x^5y^4 \div 4x^4y^6 = \dfrac{x^5y^4}{4x^4y^6} = \dfrac{x}{4y^2}$

6-2 $12a^3 \div \dfrac{a}{3} = 12a^3 \times \dfrac{3}{a} = 36a^2$

7-1 $3a^3 \div \dfrac{3}{4}a = 3a^3 \times \dfrac{4}{3a} = 4a^2$

7-2 $6a^2 \div \left(-\dfrac{6}{5}a\right) = 6a^2 \times \left(-\dfrac{5}{6a}\right) = -5a$

8-1 $(-3x)^3 \div \left(-\dfrac{9}{2}x^3\right) = -27x^3 \times \left(-\dfrac{2}{9x^3}\right) = 6$

8-2 $(-7x^2)^2 \div \dfrac{7}{4}x = 49x^4 \times \dfrac{4}{7x} = 28x^3$

9-2 $\dfrac{5}{6}a^2b \div \left(-\dfrac{5}{9}ab^3\right) = \dfrac{5}{6}a^2b \times \left(-\dfrac{9}{5ab^3}\right) = -\dfrac{3a}{2b^2}$

10-1 $2a^2b \div \dfrac{ab}{3} = 2a^2b \times \dfrac{3}{ab} = 6a$

10-2 $-x^2y^4 \div \dfrac{1}{2}xy^2 = -x^2y^4 \times \dfrac{2}{xy^2} = -2xy^2$

11-1 $5a^3b \div \left(-\dfrac{1}{2}ab\right)^2 = 5a^3b \div \dfrac{1}{4}a^2b^2$
$= 5a^3b \times \dfrac{4}{a^2b^2} = \dfrac{20a}{b}$

11-2 $\left(-\dfrac{2}{3}xy\right)^2 \div \dfrac{1}{6}y = \dfrac{4}{9}x^2y^2 \times \dfrac{6}{y} = \dfrac{8}{3}x^2y$

STEP 2

기본연산 집중연습 | 11~13

p. 68 ~ p. 69

1-1 $10a^2b$ 1-2 $-6xy$

1-3 $12x^2y^3$ 1-4 $-25x^4y^5$

1-5 $4x^9y^8$ 1-6 $-128a^{13}b^7$

1-7 $-12a^3b^2$ 1-8 $-\dfrac{1}{2}a^3b^3$

2-1 $2a^2$ 2-2 $\dfrac{2y}{x}$

2-3 $8x^2$ 2-4 $3a^2b$

2-5 $-\dfrac{8}{15}x^2$ 2-6 $4x$

2-7 $\dfrac{4a^8}{b}$ 2-8 $-a^5b$

3-1 $6ab^4,\ -10x^3y^4$ 3-2 $-7a^5b^3,\ 8x^7y^{12}$

3-3 $9x^2y^2,\ y^2$ 3-4 $-\dfrac{2b}{a^2},\ x^6y^7$

3-5 $-\dfrac{2x^4}{y},\ \dfrac{5}{6y}$ 3-6 $\dfrac{3}{8}x,\ -2x^{10}y^3$

1-4 $-x^2y \times (5xy^2)^2 = -x^2y \times 25x^2y^4 = -25x^4y^5$

1-5 $(xy^2)^3 \times (2x^3y)^2 = x^3y^6 \times 4x^6y^2 = 4x^9y^8$

1-6 $(-2a^3b)^3 \times (-4a^2b^2)^2 = -8a^9b^3 \times 16a^4b^4$
$$= -128a^{13}b^7$$

1-7 $3a \times (-2b)^2 \times (-a^2) = 3a \times 4b^2 \times (-a^2)$
$$= -12a^3b^2$$

1-8 $\left(-\dfrac{3}{2}a\right)^2 \times (-8ab) \times \left(\dfrac{1}{6}b\right)^2$
$$= \dfrac{9}{4}a^2 \times (-8ab) \times \dfrac{1}{36}b^2 = -\dfrac{1}{2}a^3b^3$$

2-1 $8a^3 \div 4a = \dfrac{8a^3}{4a} = 2a^2$

2-2 $16xy^2 \div 8x^2y = \dfrac{16xy^2}{8x^2y} = \dfrac{2y}{x}$

2-3 $(4x^2)^2 \div 2x^2 = 16x^4 \div 2x^2 = \dfrac{16x^4}{2x^2} = 8x^2$

2-4 $(3a^2b)^3 \div (-3a^2b)^2 = 27a^6b^3 \div 9a^4b^2 = \dfrac{27a^6b^3}{9a^4b^2} = 3a^2b$

2-5 $\dfrac{2}{5}x^3 \div \left(-\dfrac{3}{4}x\right) = \dfrac{2}{5}x^3 \times \left(-\dfrac{4}{3x}\right) = -\dfrac{8}{15}x^2$

2-6 $14xy^2 \div \dfrac{7}{2}y^2 = 14xy^2 \times \dfrac{2}{7y^2} = 4x$

2-7 $(a^3b)^2 \div \dfrac{b^3}{4a^2} = a^6b^2 \times \dfrac{4a^2}{b^3} = \dfrac{4a^8}{b}$

2-8 $(-ab)^3 \div \left(\dfrac{b}{a}\right)^2 = -a^3b^3 \div \dfrac{b^2}{a^2} = -a^3b^3 \times \dfrac{a^2}{b^2} = -a^5b$

3-2 $(x^2y^3)^2 \times (2xy^2)^3 = x^4y^6 \times 8x^3y^6 = 8x^7y^{12}$

3-3 $(-9x)^2 \times \left(-\dfrac{1}{3}y\right)^2 = 81x^2 \times \dfrac{1}{9}y^2 = 9x^2y^2$
$$\left(\dfrac{x}{y^2}\right)^2 \times \left(\dfrac{y^3}{x}\right)^2 = \dfrac{x^2}{y^4} \times \dfrac{y^6}{x^2} = y^2$$

3-4 $-2ab^2 \div a^3b = \dfrac{-2ab^2}{a^3b} = -\dfrac{2b}{a^2}$
$$(x^4y^5)^2 \div x^2y^3 = x^8y^{10} \div x^2y^3 = \dfrac{x^8y^{10}}{x^2y^3} = x^6y^7$$

3-5 $(-2x^2y)^3 \div (2xy^2)^2 = -8x^6y^3 \div 4x^2y^4$
$$= \dfrac{-8x^6y^3}{4x^2y^4} = -\dfrac{2x^4}{y}$$
$$\dfrac{2}{3}xy \div \dfrac{4}{5}xy^2 = \dfrac{2}{3}xy \times \dfrac{5}{4xy^2} = \dfrac{5}{6y}$$

3-6 $\dfrac{1}{6}x^3y^2 \div \left(-\dfrac{2}{3}xy\right)^2 = \dfrac{1}{6}x^3y^2 \div \dfrac{4}{9}x^2y^2$
$$= \dfrac{1}{6}x^3y^2 \times \dfrac{9}{4x^2y^2} = \dfrac{3}{8}x$$
$$(4x^2y^3)^2 \div \left(-\dfrac{2y}{x^2}\right)^3 = 16x^4y^6 \div \left(-\dfrac{8y^3}{x^6}\right)$$
$$= 16x^4y^6 \times \left(-\dfrac{x^6}{8y^3}\right) = -2x^{10}y^3$$

14 단항식의 곱셈과 나눗셈의 혼합 계산 (1)   p. 70 ~ p. 71

1-1 $\dfrac{1}{4x^2}, 15x^5$		**1-2** $-\dfrac{3}{2}x^6$	
2-1 $-9x^3y$		**2-2** $4a^3b^3$	
3-1 $-10y^2$		**3-2** $4x^4y^4$	
4-1 $-12ab^2$		**4-2** $-2x^2y$	
5-1 $-3y$		**5-2** $\dfrac{y}{x}$	
6-1 $\dfrac{2}{x}, 48x^2y^3$		**6-2** $72x^2$	
7-1 36		**7-2** $\dfrac{3}{2b^4}$	
8-1 $-\dfrac{12x^4}{y}$		**8-2** $\dfrac{9x}{y}$	
9-1 $\dfrac{1}{3y^2}, \dfrac{3}{2x}, \dfrac{x^2}{y}$		**9-2** $-2a$	
10-1 $-\dfrac{4}{3}ab$		**10-2** $-\dfrac{2}{x}$	
11-1 -4		**11-2** $\dfrac{4y}{3x^2}$	

1-2 $3x^2y \div (-4xy^3) \times 2x^5y^2 = 3x^2y \times \left(-\dfrac{1}{4xy^3}\right) \times 2x^5y^2$
$$= -\dfrac{3}{2}x^6$$

2-1 $12xy^2 \times 3x^2y^2 \div (-4y^3) = 12xy^2 \times 3x^2y^2 \times \left(-\dfrac{1}{4y^3}\right)$
$$= -9x^3y$$

2-2 $a^4b^3 \times 8b \div 2ab = a^4b^3 \times 8b \times \dfrac{1}{2ab} = 4a^3b^3$

3-1 $5x^2y \div (-2x^3y) \times 4xy^2 = 5x^2y \times \left(-\dfrac{1}{2x^3y}\right) \times 4xy^2$
$$= -10y^2$$

3-2 $8x^2y \times (-x^3y^3) \div (-2x)$
$$= 8x^2y \times (-x^3y^3) \times \left(-\dfrac{1}{2x}\right) = 4x^4y^4$$

4-1 $9a^2b \div (-3a) \times 4b$
$$= 9a^2b \times \left(-\dfrac{1}{3a}\right) \times 4b = -12ab^2$$

4-2 $6x^2 \times xy^2 \div (-3xy) = 6x^2 \times xy^2 \times \left(-\dfrac{1}{3xy}\right)$
$$= -2x^2y$$

5-1 $4x^2 \div (-8x^3) \times 6xy = 4x^2 \times \left(-\dfrac{1}{8x^3}\right) \times 6xy$
$$= -3y$$

5-2 $3xy \times 2y \div 6x^2y = 3xy \times 2y \times \dfrac{1}{6x^2y} = \dfrac{y}{x}$

6-2 $4x^2y \div \dfrac{1}{3}xy^2 \times 6xy = 4x^2y \times \dfrac{3}{xy^2} \times 6xy = 72x^2$

7-1 $-6x^2 \div \dfrac{x^3}{3} \times (-2x) = -6x^2 \times \dfrac{3}{x^3} \times (-2x) = 36$

7-2 $-2ab^3 \times \dfrac{a^2}{b^4} \div \left(-\dfrac{4}{3}a^3b^3\right) = -2ab^3 \times \dfrac{a^2}{b^4} \times \left(-\dfrac{3}{4a^3b^3}\right)$
$$= \dfrac{3}{2b^4}$$

8-1 $4x^2y^3 \div \dfrac{2}{3}xy^5 \times (-2x^3y) = 4x^2y^3 \times \dfrac{3}{2xy^5} \times (-2x^3y)$
$$= -\dfrac{12x^4}{y}$$

8-2 $-3x^2 \times \left(-\dfrac{3}{2}xy\right) \div \dfrac{1}{2}x^2y^2$
$$= -3x^2 \times \left(-\dfrac{3}{2}xy\right) \times \dfrac{2}{x^2y^2} = \dfrac{9x}{y}$$

9-2 $40a^2b^2 \div (-5ab) \div 4b = 40a^2b^2 \times \left(-\dfrac{1}{5ab}\right) \times \dfrac{1}{4b}$
$$= -2a$$

10-1 $8a^2b^3 \div (-6ab) \div b = 8a^2b^3 \times \left(-\dfrac{1}{6ab}\right) \times \dfrac{1}{b}$
$$= -\dfrac{4}{3}ab$$

10-2 $16x^2y \div (-2xy) \div 4x^2 = 16x^2y \times \left(-\dfrac{1}{2xy}\right) \times \dfrac{1}{4x^2}$
$$= -\dfrac{2}{x}$$

11-1 $8x^3 \div \dfrac{1}{2}x^2 \div (-4x) = 8x^3 \times \dfrac{2}{x^2} \times \left(-\dfrac{1}{4x}\right) = -4$

11-2 $2xy^2 \div \left(-\dfrac{1}{2}xy\right) \div (-3x^2)$
$$= 2xy^2 \times \left(-\dfrac{2}{xy}\right) \times \left(-\dfrac{1}{3x^2}\right) = \dfrac{4y}{3x^2}$$

---

15 단항식의 곱셈과 나눗셈의 혼합 계산 (2) p.72 ~ p.73

1-1 $-8x^3,\ \dfrac{1}{6x^2},\ -4x^2$		**1-2** $-3x^6y$	
2-1 $32x^2y^3$		**2-2** $-\dfrac{4a^2}{b}$	
3-1 $2x^2y^2$		**3-2** $4x^4y^4$	
4-1 $5x^7y^4$		**4-2** $8x^4y$	
5-1 $-6xy^4$		**5-2** x^6y^6	
6-1 $\dfrac{5}{xy^2},\ 4y^2,\ 20x^2y^4$		**6-2** $-16x^6y^4$	
7-1 $6a^2b^2$		**7-2** $-\dfrac{1}{24}a^3b$	
8-1 $12ab$		**8-2** $-\dfrac{1}{3}x^5$	
9-1 $-x^2y^{11}$		**9-2** $-3a^3b^7$	
10-1 $-\dfrac{4}{9}x^4$		**10-2** $-18x^2y$	
11-1 20		**11-2** $-\dfrac{a}{12b}$	

1-2 $6x^3 \div (-2xy) \times (x^2y)^2 = 6x^3 \times \left(-\dfrac{1}{2xy}\right) \times x^4y^2$
$$= -3x^6y$$

2-1 $18x^3 \times (-4y^2)^2 \div 9xy = 18x^3 \times 16y^4 \times \dfrac{1}{9xy} = 32x^2y^3$

2-2 $(-4a)^2 \div 8ab \times (-2a) = 16a^2 \times \dfrac{1}{8ab} \times (-2a)$
$$= -\dfrac{4a^2}{b}$$

3-1 $4x^2y \times (-2y)^2 \div 8y = 4x^2y \times 4y^2 \times \dfrac{1}{8y} = 2x^2y^2$

3-2 $8x^2y \times (-xy)^3 \div (-2x)$
$$= 8x^2y \times (-x^3y^3) \times \left(-\dfrac{1}{2x}\right) = 4x^4y^4$$

4-1 $(-5xy)^2 \times (x^2y)^3 \div 5xy = 25x^2y^2 \times x^6y^3 \times \dfrac{1}{5xy}$
$$= 5x^7y^4$$

4-2 $(-6x^3y^2)^2 \div 18x^4y^5 \times (-2xy)^2$
$$= 36x^6y^4 \times \dfrac{1}{18x^4y^5} \times 4x^2y^2 = 8x^4y$$

5-1 $(-4xy^3)^2 \times 3x^2y \div (-2xy)^3$
$$= 16x^2y^6 \times 3x^2y \div (-8x^3y^3)$$
$$= 16x^2y^6 \times 3x^2y \times \left(-\dfrac{1}{8x^3y^3}\right) = -6xy^4$$

5-2 $(4xy^3)^2 \div (-2x^2y^3)^4 \times (-x^3y^3)^4$
$$= 16x^2y^6 \div 16x^8y^{12} \times x^{12}y^{12}$$
$$= 16x^2y^6 \times \dfrac{1}{16x^8y^{12}} \times x^{12}y^{12} = x^6y^6$$

6-2 $(2x^2y)^3 \times (-3xy^2) \div \dfrac{3}{2}xy$
$$= 8x^6y^3 \times (-3xy^2) \times \dfrac{2}{3xy} = -16x^6y^4$$

7-1 $(-2ab^3)^3 \div \left(-\dfrac{4}{3}a^3b^3\right) \times \dfrac{a^2}{b^4}$
$$= -8a^3b^9 \times \left(-\dfrac{3}{4a^3b^3}\right) \times \dfrac{a^2}{b^4} = 6a^2b^2$$

7-2 $\left(-\dfrac{2}{3}ab\right)^2 \div (-4b) \times \dfrac{3}{8}a = \dfrac{4}{9}a^2b^2 \times \left(-\dfrac{1}{4b}\right) \times \dfrac{3}{8}a$
$$= -\dfrac{1}{24}a^3b$$

8-1 $a^2b \times (-2ab)^2 \div \dfrac{1}{3}a^3b^2 = a^2b \times 4a^2b^2 \times \dfrac{3}{a^3b^2} = 12ab$

8-2 $(-3x^2y)^2 \div 9y^3 \times \left(-\dfrac{1}{3}xy\right)$
$$= 9x^4y^2 \times \dfrac{1}{9y^3} \times \left(-\dfrac{1}{3}xy\right) = -\dfrac{1}{3}x^5$$

9-1 $-x^2y^3 \div \left(\dfrac{x}{y^2}\right)^3 \times x^3y^2 = -x^2y^3 \div \dfrac{x^3}{y^6} \times x^3y^2$
$$= -x^2y^3 \times \dfrac{y^6}{x^3} \times x^3y^2 = -x^2y^{11}$$

9-2 $16a^5b^2 \div \left(-\dfrac{2a}{b}\right)^3 \times \dfrac{3}{2}ab^2$

$\quad = 16a^5b^2 \div \left(-\dfrac{8a^3}{b^3}\right) \times \dfrac{3}{2}ab^2$

$\quad = 16a^5b^2 \times \left(-\dfrac{b^3}{8a^3}\right) \times \dfrac{3}{2}ab^2 = -3a^3b^7$

10-1 $24xy^2 \div (-4y)^2 \times \left(-\dfrac{2}{3}x\right)^3$

$\quad = 24xy^2 \div 16y^2 \times \left(-\dfrac{8}{27}x^3\right)$

$\quad = 24xy^2 \times \dfrac{1}{16y^2} \times \left(-\dfrac{8}{27}x^3\right) = -\dfrac{4}{9}x^4$

10-2 $(-4xy^3)^2 \times \dfrac{1}{3}x^3y \div \left(-\dfrac{2}{3}xy^2\right)^3$

$\quad = 16x^2y^6 \times \dfrac{1}{3}x^3y \div \left(-\dfrac{8}{27}x^3y^6\right)$

$\quad = 16x^2y^6 \times \dfrac{1}{3}x^3y \times \left(-\dfrac{27}{8x^3y^6}\right) = -18x^2y$

11-1 $(-2xy)^3 \div x^2y^3 \div \left(-\dfrac{2}{5}x\right)$

$\quad = (-8x^3y^3) \times \dfrac{1}{x^2y^3} \times \left(-\dfrac{5}{2x}\right) = 20$

11-2 $\left(-\dfrac{2}{3}a\right)^3 \div 8b^3 \div \left(-\dfrac{2a}{3b}\right)^2 = -\dfrac{8}{27}a^3 \div 8b^3 \div \dfrac{4a^2}{9b^2}$

$\quad\quad = -\dfrac{8}{27}a^3 \times \dfrac{1}{8b^3} \times \dfrac{9b^2}{4a^2}$

$\quad\quad = -\dfrac{a}{12b}$

16 □ 안에 알맞은 단항식 구하기 p. 74 ~ p. 75

1-1 $-5xy^2$ **1-2** $2a$

2-1 $-7a^4b^6$ **2-2** $-2x^2y^2$

3-1 $4xy$ **3-2** $2xy$

4-1 $-3x^2y^2$ **4-2** $\dfrac{2}{3xy}$

5-1 $-2ab$ **5-2** $6a^3b^2$

6-1 $-3y$ **6-2** $\dfrac{1}{2}a$

7-1 $2ab^3$ **7-2** $3y^3$

8-1 $-x^2y^3$ **8-2** $\dfrac{3}{4}y^3$

9-1 $\dfrac{1}{2}xy^5$ **9-2** $-\dfrac{3b^3}{a}$

1-2 $2a^3b \times \square = 4a^4b$에서 $\square = \dfrac{4a^4b}{2a^3b} = 2a$

2-1 $3a^2b^3 \times \square = -21a^6b^9$에서 $\square = \dfrac{-21a^6b^9}{3a^2b^3} = -7a^4b^6$

2-2 $-4x^2y \times \square = 8x^4y^3$에서 $\square = \dfrac{8x^4y^3}{-4x^2y} = -2x^2y^2$

3-2 $6x^2y \div \square = 3x$에서 $6x^2y \times \dfrac{1}{\square} = 3x$

$\quad \therefore \square = \dfrac{6x^2y}{3x} = 2xy$

4-1 $-48x^2y^3 \div \square = 16y$에서 $-48x^2y^3 \times \dfrac{1}{\square} = 16y$

$\quad \therefore \square = \dfrac{-48x^2y^3}{16y} = -3x^2y^2$

4-2 $2xy^2 \div \square = 3x^2y^3$에서 $2xy^2 \times \dfrac{1}{\square} = 3x^2y^3$

$\quad \therefore \square = \dfrac{2xy^2}{3x^2y^3} = \dfrac{2}{3xy}$

5-2 $3ab^3 \times 4a^2b \div \square = 2b^2$에서 $3ab^3 \times 4a^2b \times \dfrac{1}{\square} = 2b^2$

$\quad 12a^3b^4 \times \dfrac{1}{\square} = 2b^2 \quad\quad \therefore \square = \dfrac{12a^3b^4}{2b^2} = 6a^3b^2$

6-1 $4x^3y \times \square \div (-x^2y) = 12xy$에서

$\quad 4x^3y \times \square \times \left(-\dfrac{1}{x^2y}\right) = 12xy$

$\quad \square \times (-4x) = 12xy \quad\quad \therefore \square = \dfrac{12xy}{-4x} = -3y$

6-2 $(-64a^2b^4) \times \square \div 8ab^3 = -4a^2b$에서

$\quad (-64a^2b^4) \times \square \times \dfrac{1}{8ab^3} = -4a^2b$

$\quad \square \times (-8ab) = -4a^2b \quad\quad \therefore \square = \dfrac{-4a^2b}{-8ab} = \dfrac{1}{2}a$

7-1 $a^2b^2 \times \square \div 2ab^2 = a^2b^3$에서 $a^2b^2 \times \square \times \dfrac{1}{2ab^2} = a^2b^3$

$\quad \square \times \dfrac{a}{2} = a^2b^3 \quad\quad \therefore \square = a^2b^3 \times \dfrac{2}{a} = 2ab^3$

7-2 $x^4y \div 3x^2y^2 \times \square = x^2y^2$에서 $x^4y \times \dfrac{1}{3x^2y^2} \times \square = x^2y^2$

$\quad \dfrac{x^2}{3y} \times \square = x^2y^2 \quad\quad \therefore \square = x^2y^2 \times \dfrac{3y}{x^2} = 3y^3$

8-1 $3x^2y \div \square \times (-2xy)^3 = 24x^3y$에서

$\quad 3x^2y \times \dfrac{1}{\square} \times (-8x^3y^3) = 24x^3y$

$\quad \dfrac{1}{\square} \times (-24x^5y^4) = 24x^3y$

$\quad \therefore \square = \dfrac{-24x^5y^4}{24x^3y} = -x^2y^3$

8-2 $\square \times (-2x)^2 \div 3x^2y^3 = 1$에서 $\square \times 4x^2 \times \dfrac{1}{3x^2y^3} = 1$

$\quad \square \times \dfrac{4}{3y^3} = 1 \quad\quad \therefore \square = \dfrac{3}{4}y^3$

9-1 $\square \times (-4x^4y^2)^2 \div 2xy = 4x^8y^8$에서

$\quad \square \times 16x^8y^4 \times \dfrac{1}{2xy} = 4x^8y^8$

$\quad \square \times 8x^7y^3 = 4x^8y^8 \quad\quad \therefore \square = \dfrac{4x^8y^8}{8x^7y^3} = \dfrac{1}{2}xy^5$

9-2 $(-3a^3)^2 \div \square \times \left(\dfrac{b^2}{a}\right)^4 = -3a^3b^5$에서

$\quad 9a^6 \times \dfrac{1}{\square} \times \dfrac{b^8}{a^4} = -3a^3b^5$

$\quad \dfrac{1}{\square} \times 9a^2b^8 = -3a^3b^5 \quad\quad \therefore \square = \dfrac{9a^2b^8}{-3a^3b^5} = -\dfrac{3b^3}{a}$

기본연산 집중연습 | 14~16
p. 76 ~ p. 77

1-1 $-32x$		**1-2** $6a^2b$	
1-3 $10x^6y^4$		**1-4** b^2	
1-5 $-\dfrac{x}{6y}$		**1-6** $-\dfrac{4}{3}ab$	
1-7 $-2x^5y$		**1-8** $12a^3b$	
1-9 $-12xy^5$		**1-10** $9x^2y^3$	
1-11 $9x^7y^5$		**1-12** $\dfrac{4a^4}{b^2}$	
1-13 $-6xy^4$		**1-14** a^5b^2	
1-15 $8x^{12}y$		**1-16** $18x^4y^2$	
2 상현			

1-1 $16x^2 \div (-2xy) \times 4y = 16x^2 \times \left(-\dfrac{1}{2xy}\right) \times 4y = -32x$

1-2 $4a^2b \div 2ab^2 \times 3ab^2 = 4a^2b \times \dfrac{1}{2ab^2} \times 3ab^2 = 6a^2b$

1-3 $15x^5y^4 \div 3xy \times 2x^2y = 15x^5y^4 \times \dfrac{1}{3xy} \times 2x^2y = 10x^6y^4$

1-4 $4a^2 \times 2a^3b \div \dfrac{8a^5}{b} = 4a^2 \times 2a^3b \times \dfrac{b}{8a^5} = b^2$

1-5 $4x^2y^4 \times \dfrac{2}{3}x^3 \div (-16x^4y^5)$

$= 4x^2y^4 \times \dfrac{2}{3}x^3 \times \left(-\dfrac{1}{16x^4y^5}\right) = -\dfrac{x}{6y}$

1-6 $-2ab^2 \times (2ab)^2 \div 6a^2b^3 = -2ab^2 \times 4a^2b^2 \times \dfrac{1}{6a^2b^3}$

$= -\dfrac{4}{3}ab$

1-7 $8x^6y^3 \times (-xy^2) \div (-2xy^2)^2$

$= 8x^6y^3 \times (-xy^2) \div 4x^2y^4$

$= 8x^6y^3 \times (-xy^2) \times \dfrac{1}{4x^2y^4} = -2x^5y$

1-8 $12a^3b^2 \div 4a^2b^3 \times (2ab)^2 = 12a^3b^2 \times \dfrac{1}{4a^2b^3} \times 4a^2b^2$

$= 12a^3b$

1-9 $4x^2y \times (-3xy^3)^2 \div (-3x^3y^2)$

$= 4x^2y \times 9x^2y^6 \times \left(-\dfrac{1}{3x^3y^2}\right) = -12xy^5$

1-10 $(-6x^3y)^2 \div 4x^5y \times xy^2 = 36x^6y^2 \times \dfrac{1}{4x^5y} \times xy^2$

$= 9x^2y^3$

1-11 $(-2xy^3)^2 \times 27x^6y^3 \div 12xy^4$

$= 4x^2y^6 \times 27x^6y^3 \times \dfrac{1}{12xy^4} = 9x^7y^5$

1-12 $(-3a^3)^2 \times 16b^4 \div (6ab^3)^2 = 9a^6 \times 16b^4 \div 36a^2b^6$

$= 9a^6 \times 16b^4 \times \dfrac{1}{36a^2b^6}$

$= \dfrac{4a^4}{b^2}$

1-13 $(-4xy^3)^2 \times 3x^2y \div (-2xy)^3$

$= 16x^2y^6 \times 3x^2y \div (-8x^3y^3)$

$= 16x^2y^6 \times 3x^2y \times \left(-\dfrac{1}{8x^3y^3}\right) = -6xy^4$

1-14 $2a^4b \div \dfrac{1}{2}ab \times \left(-\dfrac{1}{2}ab\right)^2 = 2a^4b \times \dfrac{2}{ab} \times \dfrac{1}{4}a^2b^2$

$= a^5b^2$

1-15 $\left(-\dfrac{2}{3}x\right)^3 \div \dfrac{y^2}{x^9} \times (-3y)^3 = -\dfrac{8}{27}x^3 \times \dfrac{x^9}{y^2} \times (-27y^3)$

$= 8x^{12}y$

1-16 $(-2xy^3)^3 \div (-4x^3y) \times \left(\dfrac{3x^2}{y^3}\right)^2$

$= -8x^3y^9 \times \left(-\dfrac{1}{4x^3y}\right) \times \dfrac{9x^4}{y^6} = 18x^4y^2$

2 지유 $\Rightarrow -5a \times 2a \times b^2 \div (-b) = 10a^2b$

상현 $\Rightarrow ab^2 \times a \div b^2 \div a = a$

은주 $\Rightarrow a \times 3a \times b \times b = 3a^2b^2$

성준 $\Rightarrow a^2 \times ab \div b^2 \div ab = \dfrac{a^2}{b^2}$

소정 $\Rightarrow b^2 \div (-a) \div b \times (-3ab) = 3b^2$

따라서 상현이가 매점에 가게 된다.

---

17 다항식의 덧셈
p. 78 ~ p. 79

1-1 $8, 3$		**1-2** $7x+7y$	
2-1 $5a+b$		**2-2** $7a+4b$	
3-1 $3a-b$		**3-2** $6x+5y$	
4-1 $-3a+5b$		**4-2** $-x-10y$	
5-1 $9a-5b+1$		**5-2** $-2x-3y+7$	
6-1 $-3, 12, 2x-15y$		**6-2** $12a+2b$	
7-1 $-x+3y$		**7-2** $9x+2y$	
8-1 $3x+y$		**8-2** $-7x+7y$	
9-1 $-x+4y$		**9-2** $-23x-5y$	
10-1 $11x+13y$		**10-2** $-4a-9b$	
11-1 $6a+b$		**11-2** $-2x-2y$	

6-2 $3(2a+4b)+2(3a-5b)=6a+12b+6a-10b$
$$=12a+2b$$

7-1 $7(-x-y)+2(3x+5y)=-7x-7y+6x+10y$
$$=-x+3y$$

7-2 $-6(x-2y)+5(3x-2y)=-6x+12y+15x-10y$
$$=9x+2y$$

8-1 $5(x-y)+2(-x+3y)=5x-5y-2x+6y$
$$=3x+y$$

8-2 $-2(3x+2y)+(-x+11y)=-6x-4y-x+11y$
$$=-7x+7y$$

9-1 $2(x-y)+3(-x+2y)=2x-2y-3x+6y$
$$=-x+4y$$

9-2 $4(-2x+y)+3(-5x-3y)=-8x+4y-15x-9y$
$$=-23x-5y$$

10-1 $-3(x-5y)+2(7x-y)=-3x+15y+14x-2y$
$$=11x+13y$$

10-2 $2(-a-3b)+\dfrac{1}{3}(-6a-9b)=-2a-6b-2a-3b$
$$=-4a-9b$$

11-1 $\dfrac{1}{2}(4a-2b)+\dfrac{2}{3}(6a+3b)=2a-b+4a+2b$
$$=6a+b$$

11-2 $-\dfrac{3}{4}(2x+4y)+\dfrac{1}{2}(-x+2y)$
$$=-\dfrac{3}{2}x-3y-\dfrac{1}{2}x+y=-2x-2y$$

18 다항식의 뺄셈 p. 80 ~ p. 81

1-1	2, 3	**1-2**	$3x+6y$
2-1	$7a+b$	**2-2**	$x-y$
3-1	$-3x+9y$	**3-2**	$a-2b$
4-1	$2x+8y$	**4-2**	$-2x-y$
5-1	$5a+7b-7$	**5-2**	$2x-3y+4$
6-1	$2, 4, -5x+10y$	**6-2**	$-7x-5y$
7-1	$17x-14y$	**7-2**	$-a+12b$
8-1	$7x-11y$	**8-2**	$4x+11y$
9-1	$-2a-3b$	**9-2**	$5x-y$
10-1	$-x-y+2$	**10-2**	$a+9b-4$
11-1	$2x-7y-8$	**11-2**	$7x-y$

1-2 $(5x+2y)-(2x-4y)=5x+2y-2x+4y$
$$=3x+6y$$

2-1 $(14a-9b)-(7a-10b)=14a-9b-7a+10b$
$$=7a+b$$

2-2 $(4x-5y)-(3x-4y)=4x-5y-3x+4y=x-y$

3-1 $(x+7y)-(4x-2y)=x+7y-4x+2y$
$$=-3x+9y$$

3-2 $(3a+4b)-(2a+6b)=3a+4b-2a-6b=a-2b$

4-1 $(3x+2y)-(x-6y)=3x+2y-x+6y=2x+8y$

4-2 $(-3x+y)-(-x+2y)=-3x+y+x-2y$
$$=-2x-y$$

5-1 $(6a+4b-2)-(a-3b+5)$
$$=6a+4b-2-a+3b-5=5a+7b-7$$

5-2 $(-2x-y-1)-(-4x+2y-5)$
$$=-2x-y-1+4x-2y+5=2x-3y+4$$

6-2 $(-4x+7y)-3(x+4y)=-4x+7y-3x-12y$
$$=-7x-5y$$

7-1 $4(3x-y)-5(-x+2y)=12x-4y+5x-10y$
$$=17x-14y$$

7-2 $2(a+3b)-3(a-2b)=2a+6b-3a+6b$
$$=-a+12b$$

8-1 $5(x-y)-2(-x+3y)=5x-5y+2x-6y$
$$=7x-11y$$

8-2 $(2x-3y)-2(-x-7y)=2x-3y+2x+14y$
$$=4x+11y$$

9-1 $\dfrac{1}{2}(4a-2b)-\dfrac{2}{3}(6a+3b)=2a-b-4a-2b$
$$=-2a-3b$$

9-2 $\dfrac{1}{3}(6x-9y)-\dfrac{1}{4}(-12x-8y)=2x-3y+3x+2y$
$$=5x-y$$

10-1 $(3x-5y+6)-4(x-y+1)$
$$=3x-5y+6-4x+4y-4=-x-y+2$$

10-2 $3(a+2b-3)-(2a-3b-5)$
$$=3a+6b-9-2a+3b+5=a+9b-4$$

11-1 $3(2x+y-2)-2(2x+5y+1)$
$$=6x+3y-6-4x-10y-2=2x-7y-8$$

11-2 $2(4x-3y+1)-(x-5y+2)$
$$=8x-6y+2-x+5y-2=7x-y$$

1-1 $3, 9, 15, \dfrac{19x+y}{6}$ **1-2** $\dfrac{5x+y}{4}$

2-1 $\dfrac{14x-22y}{15}$ **2-2** $\dfrac{7x-y}{4}$

3-1 $\dfrac{7}{12}x-\dfrac{1}{6}y$ **3-2** $\dfrac{13}{5}x-\dfrac{9}{10}y$

4-1 $\dfrac{17x-y}{6}$ **4-2** $\dfrac{11x-7y}{12}$

5-1 $3, 3, 3, \dfrac{x+11y}{12}$ **5-2** $\dfrac{x-y}{6}$

6-1 $\dfrac{-7x-11y}{12}$ **6-2** $\dfrac{1}{12}x+\dfrac{4}{3}y$

7-1 $\dfrac{-2x+4y}{15}$ **7-2** $\dfrac{-5x-3y}{4}$

8-1 $\dfrac{1}{2}x+\dfrac{4}{3}y$ **8-2** $\dfrac{-x+7y}{12}$

9-1 $\dfrac{x+17y}{12}$ **9-2** $\dfrac{11x-2y}{15}$

1-2
$$\dfrac{2x-y}{2}+\dfrac{x+3y}{4}=\dfrac{2(2x-y)+x+3y}{4}$$
$$=\dfrac{4x-2y+x+3y}{4}=\dfrac{5x+y}{4}$$

2-1
$$\dfrac{x-2y}{3}+\dfrac{3x-4y}{5}=\dfrac{5(x-2y)+3(3x-4y)}{15}$$
$$=\dfrac{5x-10y+9x-12y}{15}$$
$$=\dfrac{14x-22y}{15}$$

2-2
$$\dfrac{5x+3y}{4}+\dfrac{x-2y}{2}=\dfrac{5x+3y+2(x-2y)}{4}$$
$$=\dfrac{5x+3y+2x-4y}{4}=\dfrac{7x-y}{4}$$

3-1
$$\dfrac{x+y}{3}+\dfrac{x-2y}{4}=\dfrac{4(x+y)+3(x-2y)}{12}$$
$$=\dfrac{4x+4y+3x-6y}{12}$$
$$=\dfrac{7x-2y}{12}=\dfrac{7}{12}x-\dfrac{1}{6}y$$

3-2
$$\dfrac{4x-y}{2}+\dfrac{3x-2y}{5}=\dfrac{5(4x-y)+2(3x-2y)}{10}$$
$$=\dfrac{20x-5y+6x-4y}{10}$$
$$=\dfrac{26x-9y}{10}=\dfrac{13}{5}x-\dfrac{9}{10}y$$

4-1
$$\dfrac{3x-5y}{2}+\dfrac{4x+7y}{3}=\dfrac{3(3x-5y)+2(4x+7y)}{6}$$
$$=\dfrac{9x-15y+8x+14y}{6}$$
$$=\dfrac{17x-y}{6}$$

4-2
$$\dfrac{x-y}{4}+\dfrac{2x-y}{3}=\dfrac{3(x-y)+4(2x-y)}{12}$$
$$=\dfrac{3x-3y+8x-4y}{12}=\dfrac{11x-7y}{12}$$

5-2
$$\dfrac{x+y}{2}-\dfrac{x+2y}{3}=\dfrac{3(x+y)-2(x+2y)}{6}$$
$$=\dfrac{3x+3y-2x-4y}{6}$$
$$=\dfrac{x-y}{6}$$

6-1
$$\dfrac{-x+3y}{4}-\dfrac{x+5y}{3}=\dfrac{3(-x+3y)-4(x+5y)}{12}$$
$$=\dfrac{-3x+9y-4x-20y}{12}$$
$$=\dfrac{-7x-11y}{12}$$

6-2
$$\dfrac{x+2y}{4}-\dfrac{x-5y}{6}=\dfrac{3(x+2y)-2(x-5y)}{12}$$
$$=\dfrac{3x+6y-2x+10y}{12}$$
$$=\dfrac{x+16y}{12}=\dfrac{1}{12}x+\dfrac{4}{3}y$$

7-1
$$\dfrac{x-2y}{5}-\dfrac{x-2y}{3}=\dfrac{3(x-2y)-5(x-2y)}{15}$$
$$=\dfrac{3x-6y-5x+10y}{15}$$
$$=\dfrac{-2x+4y}{15}$$

7-2
$$\dfrac{x-y}{4}-\dfrac{3x+y}{2}=\dfrac{x-y-2(3x+y)}{4}$$
$$=\dfrac{x-y-6x-2y}{4}$$
$$=\dfrac{-5x-3y}{4}$$

8-1
$$\dfrac{3x-2y}{3}-\dfrac{x-4y}{2}=\dfrac{2(3x-2y)-3(x-4y)}{6}$$
$$=\dfrac{6x-4y-3x+12y}{6}$$
$$=\dfrac{3x+8y}{6}=\dfrac{1}{2}x+\dfrac{4}{3}y$$

8-2
$$\dfrac{2x+y}{3}-\dfrac{3x-y}{4}=\dfrac{4(2x+y)-3(3x-y)}{12}$$
$$=\dfrac{8x+4y-9x+3y}{12}$$
$$=\dfrac{-x+7y}{12}$$

9-1
$$\dfrac{2x+4y}{6}-\dfrac{x-3y}{4}=\dfrac{2(2x+4y)-3(x-3y)}{12}$$
$$=\dfrac{4x+8y-3x+9y}{12}$$
$$=\dfrac{x+17y}{12}$$

9-2
$$\dfrac{4x-y}{3}-\dfrac{3x-y}{5}=\dfrac{5(4x-y)-3(3x-y)}{15}$$
$$=\dfrac{20x-5y-9x+3y}{15}$$
$$=\dfrac{11x-2y}{15}$$

기본연산 집중연습 | 17~19

p. 84 ~ p. 85

1-1 $7x-4y$ 　　**1-2** $7a-11b+1$

1-3 $x-18y$ 　　**1-4** $2x+3y$

1-5 $2x-5y-3$ 　　**1-6** $-6x+11y$

2-1 $\dfrac{5}{6}a-\dfrac{5}{12}b$ 　　**2-2** $\dfrac{13}{5}x+\dfrac{1}{10}y$

2-3 $\dfrac{19}{15}x-\dfrac{6}{5}y$ 　　**2-4** $-\dfrac{1}{6}a+5b$

2-5 $\dfrac{-x+5y}{6}$ 　　**2-6** $-\dfrac{1}{12}x-\dfrac{1}{6}y$

3-1 $-x-2y,\ x+3y$ 　　**3-2** $3x+2y+5,\ x-4$

3-3 $-x+2y-5,\ -2x+3y-11$

3-4 $-2x-6y,\ 4x+11y$

3-5 $-8x+15y-4,\ -2x+7y-3$

3-6 $5x-5y+4,\ -5x+16y-14$

1-3 $3(-x-5y)+(4x-3y)=-3x-15y+4x-3y$
$$=x-18y$$

1-4 $(3x+7y)-(x+4y)=3x+7y-x-4y$
$$=2x+3y$$

1-5 $(3x-y-5)-(x+4y-2)=3x-y-5-x-4y+2$
$$=2x-5y-3$$

1-6 $(-3x+5y)-3(x-2y)=-3x+5y-3x+6y$
$$=-6x+11y$$

2-1 $\dfrac{a+b}{3}+\dfrac{2a-3b}{4}=\dfrac{4(a+b)+3(2a-3b)}{12}$
$$=\dfrac{4a+4b+6a-9b}{12}$$
$$=\dfrac{10a-5b}{12}=\dfrac{5}{6}a-\dfrac{5}{12}b$$

2-2 $\dfrac{4x+y}{2}+\dfrac{3x-2y}{5}=\dfrac{5(4x+y)+2(3x-2y)}{10}$
$$=\dfrac{20x+5y+6x-4y}{10}$$
$$=\dfrac{26x+y}{10}=\dfrac{13}{5}x+\dfrac{1}{10}y$$

2-3 $\dfrac{2x-3y}{3}+\dfrac{3x-y}{5}=\dfrac{5(2x-3y)+3(3x-y)}{15}$
$$=\dfrac{10x-15y+9x-3y}{15}$$
$$=\dfrac{19x-18y}{15}=\dfrac{19}{15}x-\dfrac{6}{5}y$$

2-4 $\dfrac{2a+12b}{3}-\dfrac{5a-6b}{6}=\dfrac{2(2a+12b)-(5a-6b)}{6}$
$$=\dfrac{4a+24b-5a+6b}{6}$$
$$=\dfrac{-a+30b}{6}=-\dfrac{1}{6}a+5b$$

2-5 $\dfrac{3x+y}{2}-\dfrac{5x-y}{3}=\dfrac{3(3x+y)-2(5x-y)}{6}$
$$=\dfrac{9x+3y-10x+2y}{6}$$
$$=\dfrac{-x+5y}{6}$$

2-6 $\dfrac{x-4y}{6}-\dfrac{x-2y}{4}=\dfrac{2(x-4y)-3(x-2y)}{12}$
$$=\dfrac{2x-8y-3x+6y}{12}$$
$$=\dfrac{-x-2y}{12}=-\dfrac{1}{12}x-\dfrac{1}{6}y$$

3-3 $(-4x+5y-1)+2(x-y-5)$
$$=-4x+5y-1+2x-2y-10=-2x+3y-11$$

3-4 $(2x-y)-(4x+5y)=2x-y-4x-5y$
$$=-2x-6y$$
$(-x+4y)-(-5x-7y)=-x+4y+5x+7y$
$$=4x+11y$$

3-5 $(-2x+8y-3)-(6x-7y+1)$
$$=-2x+8y-3-6x+7y-1=-8x+15y-4$$
$(x+3y-2)-(3x-4y+1)$
$$=x+3y-2-3x+4y-1=-2x+7y-3$$

3-6 $(x-4y+3)-(-4x+y-1)$
$$=x-4y+3+4x-y+1=5x-5y+4$$
$(-3x+2y-4)-2(x-7y+5)$
$$=-3x+2y-4-2x+14y-10=-5x+16y-14$$

20 이차식

p. 86

1-1 ○ 　　**1-2** ○

2-1 × 　　**2-2** ×

3-1 × 　　**3-2** ○

4-1 × 　　**4-2** ×

5-1 × 　　**5-2** ○

6-1 ○ 　　**6-2** ×

4-1 분모에 x^2이 있으므로 x에 대한 이차식이 아니다.

4-2 $2x^2+5x-2x^2+3=5x+3$
따라서 x에 대한 이차식이 아니다.

5-1 $3x^2+x-1-(4+3x^2)$
$$=3x^2+x-1-4-3x^2=x-5$$
따라서 x에 대한 이차식이 아니다.

6-1 $x^3-(x^3-2x^2+1)=x^3-x^3+2x^2-1=2x^2-1$
따라서 x에 대한 이차식이다.

21 이차식의 덧셈과 뺄셈   p. 87

1-1 $-x^2+2x+3$ **1-2** $3x^2-5x+5$
2-1 x^2+5x-1 **2-2** $5x^2-2$
3-1 $7x^2-3x-3$ **3-2** $-x^2+6x-4$
4-1 $3x^2+8$ **4-2** $4x^2-x-2$
5-1 $-6x^2-5x-8$ **5-2** $7x^2-14x-1$

1-1 $(2x^2-3x+5)+(-3x^2+5x-2)$
$=2x^2-3x+5-3x^2+5x-2=-x^2+2x+3$

1-2 $(5x^2-3x-2)+(-2x^2-2x+7)$
$=5x^2-3x-2-2x^2-2x+7=3x^2-5x+5$

2-1 $(2x^2-7)+(-x^2+5x+6)=2x^2-7-x^2+5x+6$
$=x^2+5x-1$

2-2 $2(x^2-2x)+(3x^2+4x-2)=2x^2-4x+3x^2+4x-2$
$=5x^2-2$

3-1 $(5x^2+x-7)+2(x^2-2x+2)$
$=5x^2+x-7+2x^2-4x+4=7x^2-3x-3$

3-2 $(2x^2+x-3)-(3x^2-5x+1)$
$=2x^2+x-3-3x^2+5x-1=-x^2+6x-4$

4-1 $(5x^2-2x+7)-(2x^2-2x-1)$
$=5x^2-2x+7-2x^2+2x+1=3x^2+8$

4-2 $(3x^2-4x)-(-x^2-3x+2)=3x^2-4x+x^2+3x-2$
$=4x^2-x-2$

5-1 $(x-2x^2)-2(2x^2+3x+4)=x-2x^2-4x^2-6x-8$
$=-6x^2-5x-8$

5-2 $4(2x^2-4x+1)-(x^2-2x+5)$
$=8x^2-16x+4-x^2+2x-5=7x^2-14x-1$

22 여러 가지 괄호가 있는 다항식의 계산   p. 88 ~ p. 89

1-1 $y, -3, 3, 5x+2y$ **1-2** $7a-3b-4$
2-1 $x+3y+1$ **2-2** $4x+3y$
3-1 $-3x+y$ **3-2** $-3x^2+6x+5$
4-1 $x+3$ **4-2** $-x^2+4x$
5-1 $2b, a, 2b, b, a, 4a+b$ **5-2** $x-2y$
6-1 $12x-2y$ **6-2** $6x-4y$
7-1 $6a-4b$ **7-2** $5x-4y$
8-1 $2x-y$ **8-2** $5x+2y+2$
9-1 $4x^2-6x-1$ **9-2** $-2x+5$

1-2 $5a-\{4-(2a-3b)\}=5a-(4-2a+3b)$
$=5a-4+2a-3b=7a-3b-4$

2-1 $3x+y-\{x-(2y-x+1)\}=3x+y-(x-2y+x-1)$
$=3x+y-(2x-2y-1)$
$=3x+y-2x+2y+1$
$=x+3y+1$

2-2 $5x-\{3x-2y-(2x+y)\}=5x-(3x-2y-2x-y)$
$=5x-(x-3y)$
$=5x-x+3y=4x+3y$

3-1 $4x-\{2x-3y-(-5x-2y)\}$
$=4x-(2x-3y+5x+2y)$
$=4x-(7x-y)=4x-7x+y=-3x+y$

3-2 $2x^2-\{5x^2+x-(7x+5)\}=2x^2-(5x^2+x-7x-5)$
$=2x^2-(5x^2-6x-5)$
$=2x^2-5x^2+6x+5$
$=-3x^2+6x+5$

4-1 $-2x^2+2-\{3x^2-1-(5x^2+x)\}$
$=-2x^2+2-(3x^2-1-5x^2-x)$
$=-2x^2+2-(-2x^2-x-1)$
$=-2x^2+2+2x^2+x+1=x+3$

4-2 $5x^2-2\{x^2-x-(-2x^2+x)\}$
$=5x^2-2(x^2-x+2x^2-x)$
$=5x^2-2(3x^2-2x)=5x^2-6x^2+4x=-x^2+4x$

5-2 $x-[y-\{x-(y+x)\}]=x-\{y-(x-y-x)\}$
$=x-\{y-(-y)\}$
$=x-(y+y)=x-2y$

6-1 $4x-[3x-\{6x-(2y-5x)\}]$
$=4x-\{3x-(6x-2y+5x)\}$
$=4x-\{3x-(11x-2y)\}$
$=4x-(3x-11x+2y)$
$=4x-(-8x+2y)=4x+8x-2y=12x-2y$

6-2 $7x-[2x+5y-\{3x-(2x-y)\}]$
$=7x-\{2x+5y-(3x-2x+y)\}$
$=7x-\{2x+5y-(x+y)\}$
$=7x-(2x+5y-x-y)$
$=7x-(x+4y)=7x-x-4y=6x-4y$

7-1 $3a-2b-[-2a-\{3a-2(a+b)\}]$
$=3a-2b-\{-2a-(3a-2a-2b)\}$
$=3a-2b-\{-2a-(a-2b)\}$
$=3a-2b-(-2a-a+2b)$
$=3a-2b-(-3a+2b)$
$=3a-2b+3a-2b=6a-4b$

7-2 $2x-[7y-2x-\{2x-(x-3y)\}]$
$=2x-\{7y-2x-(2x-x+3y)\}$
$=2x-\{7y-2x-(x+3y)\}$
$=2x-(7y-2x-x-3y)$
$=2x-(-3x+4y)=2x+3x-4y=5x-4y$

8-1 $6x-[2x-\{x-5y-(3x-4y)\}]$
$=6x-\{2x-(x-5y-3x+4y)\}$
$=6x-\{2x-(-2x-y)\}$
$=6x-(2x+2x+y)$
$=6x-(4x+y)=6x-4x-y=2x-y$

8-2 $2x-[3x-\{2y-(5-6x)+7\}]$
$=2x-\{3x-(2y-5+6x+7)\}$
$=2x-\{3x-(6x+2y+2)\}$
$=2x-(3x-6x-2y-2)$
$=2x-(-3x-2y-2)$
$=2x+3x+2y+2=5x+2y+2$

9-1 $x^2-[2x-\{3x^2-(4x-5)\}+6]$
$=x^2-\{2x-(3x^2-4x+5)+6\}$
$=x^2-(2x-3x^2+4x-5+6)$
$=x^2-(-3x^2+6x+1)$
$=x^2+3x^2-6x-1=4x^2-6x-1$

9-2 $3x^2-[x^2+6x-\{4x-(2x^2-5)\}]$
$=3x^2-\{x^2+6x-(4x-2x^2+5)\}$
$=3x^2-(x^2+6x-4x+2x^2-5)$
$=3x^2-(3x^2+2x-5)$
$=3x^2-3x^2-2x+5=-2x+5$

STEP 2

기본연산 집중연습 | 20~22
p. 90 ~ p. 91

1-1 $\bigcirc$		**1-2** $\times$	
1-3 $\times$		**1-4** $\bigcirc$	
1-5 $\bigcirc$		**1-6** $\times$	
1-7 $\times$		**1-8** $\bigcirc$	
2-1 $4x^2-x+1$		**2-2** $9a^2-3a+1$	
2-3 $-3x^2+8x-13$		**2-4** $7a^2-3a-3$	
2-5 $-3x^2+7x-2$		**2-6** $3x^2+2x-1$	
2-7 $2a^2+3a+5$		**2-8** $2x^2+4x+7$	
3-1 $5x-2y$		**3-2** $4x-6y$	
3-3 $8x-4y$		**3-4** $-3x+2y$	
3-5 $-3x^2-5x+4$		**3-6** $-4x^2-3x+3$	
3-7 $4x^2-7x+4$		**3-8** $-2x^2+4x-10$	

1-7 $3x^2+2x-1-(x+3x^2)=3x^2+2x-1-x-3x^2$
$=x-1$
따라서 x에 대한 이차식이 아니다.

1-8 $x^3-(x^3-5x^2+3)=x^3-x^3+5x^2-3=5x^2-3$
따라서 x에 대한 이차식이다.

2-1 $(x^2-6x+2)+(3x^2+5x-1)$
$=x^2-6x+2+3x^2+5x-1=4x^2-x+1$

2-2 $(7a^2-4a+5)+(2a^2+a-4)$
$=7a^2-4a+5+2a^2+a-4=9a^2-3a+1$

2-3 $3(-3x^2+5x-4)+(6x^2-7x-1)$
$=-9x^2+15x-12+6x^2-7x-1$
$=-3x^2+8x-13$

2-4 $(5a^2+a-7)+2(a^2-2a+2)$
$=5a^2+a-7+2a^2-4a+4=7a^2-3a-3$

2-5 $(-x^2+6x+5)-(2x^2-x+7)$
$=-x^2+6x+5-2x^2+x-7=-3x^2+7x-2$

2-6 $(4x^2-3x+1)-(x^2-5x+2)$
$=4x^2-3x+1-x^2+5x-2=3x^2+2x-1$

2-7 $3(2a^2+3a-1)-(4a^2+6a-8)$
$=6a^2+9a-3-4a^2-6a+8=2a^2+3a+5$

2-8 $(5x^2-2x+4)-3(x^2-2x-1)$
$=5x^2-2x+4-3x^2+6x+3=2x^2+4x+7$

3-1 $4x-\{3y-(-2x+y)-3x\}$
$=4x-(3y+2x-y-3x)$
$=4x-(-x+2y)$
$=4x+x-2y=5x-2y$

3-2 $3x-4y-\{x-3y-(2x-5y)\}$
$=3x-4y-(x-3y-2x+5y)$
$=3x-4y-(-x+2y)$
$=3x-4y+x-2y=4x-6y$

3-3 $5x-[3y-\{x-(-2x+y)\}]$
$=5x-\{3y-(x+2x-y)\}$
$=5x-\{3y-(3x-y)\}$
$=5x-(3y-3x+y)$
$=5x-(-3x+4y)=5x+3x-4y=8x-4y$

3-4 $x-[3x-\{2x-y+3(-x+y)\}]$
$=x-\{3x-(2x-y-3x+3y)\}$
$=x-\{3x-(-x+2y)\}$
$=x-(3x+x-2y)$
$=x-(4x-2y)=x-4x+2y=-3x+2y$

2. 식의 계산 | 25

3-5 $2x+3-\{3x^2-(1-7x)\}=2x+3-(3x^2-1+7x)$
$\qquad\qquad\qquad\qquad\quad =2x+3-3x^2+1-7x$
$\qquad\qquad\qquad\qquad\quad =-3x^2-5x+4$

3-6 $3x-\{7x^2+4x-(3x^2-2x+3)\}$
$\quad =3x-(7x^2+4x-3x^2+2x-3)$
$\quad =3x-(4x^2+6x-3)$
$\quad =3x-4x^2-6x+3=-4x^2-3x+3$

3-7 $x^2-3x-[1-\{3x^2-(4x-5)\}]$
$\quad =x^2-3x-\{1-(3x^2-4x+5)\}$
$\quad =x^2-3x-(1-3x^2+4x-5)$
$\quad =x^2-3x-(-3x^2+4x-4)$
$\quad =x^2-3x+3x^2-4x+4=4x^2-7x+4$

3-8 $4x^2-[2x-2\{x^2+3x-(5+4x^2)\}]$
$\quad =4x^2-\{2x-2(x^2+3x-5-4x^2)\}$
$\quad =4x^2-\{2x-2(-3x^2+3x-5)\}$
$\quad =4x^2-(2x+6x^2-6x+10)$
$\quad =4x^2-(6x^2-4x+10)$
$\quad =4x^2-6x^2+4x-10=-2x^2+4x-10$

STEP 1

23 (단항식) × (다항식) p. 92 ~ p. 93

1-1 $6x^2,\,2xy$		**1-2** $-5x^2+10xy$	
2-1 $5a^2-2ab$		**2-2** $-10x^2-6xy$	
3-1 x^2y+xy^2		**3-2** $-6a^2b-8ab^2$	
4-1 $6a^2-2ab+2a$		**4-2** $-2x^2-6xy+4x$	
5-1 $-8x^2y-12xy+8x$		**5-2** $-3a^2b+6ab^2-3ab$	
6-1 $4x^2,\,3xy$		**6-2** $-2a^2-3ab$	
7-1 $3x^2-21xy$		**7-2** $-9x^2+6xy$	
8-1 $-x^2+3xy$		**8-2** $6x^2-4xy$	
9-1 $-6x^2-4xy$		**9-2** $3ab^2+5b^2$	
10-1 $2x^2+6xy-10x$		**10-2** $ab-3b^2+5b$	
11-1 $-4a^2+20ab+12a$		**11-2** $-4a^2+6ab+8a$	

1-2 $-5x(x-2y)=-5x\times x-(-5x)\times 2y$
$\qquad\qquad\qquad =-5x^2+10xy$

2-1 $\dfrac{1}{4}a(20a-8b)=\dfrac{1}{4}a\times 20a-\dfrac{1}{4}a\times 8b=5a^2-2ab$

2-2 $-\dfrac{2}{3}x(15x+9y)=-\dfrac{2}{3}x\times 15x+\left(-\dfrac{2}{3}x\right)\times 9y$
$\qquad\qquad\qquad\qquad =-10x^2-6xy$

3-1 $xy(x+y)=xy\times x+xy\times y=x^2y+xy^2$

3-2 $-2ab(3a+4b)=-2ab\times 3a+(-2ab)\times 4b$
$\qquad\qquad\qquad\quad =-6a^2b-8ab^2$

4-1 $2a(3a-b+1)=2a\times 3a-2a\times b+2a\times 1$
$\qquad\qquad\qquad\quad =6a^2-2ab+2a$

4-2 $-2x(x+3y-2)$
$\quad =-2x\times x+(-2x)\times 3y-(-2x)\times 2$
$\quad =-2x^2-6xy+4x$

5-1 $-4x(2xy+3y-2)$
$\quad =-4x\times 2xy+(-4x)\times 3y-(-4x)\times 2$
$\quad =-8x^2y-12xy+8x$

5-2 $3ab(-a+2b-1)$
$\quad =3ab\times(-a)+3ab\times 2b-3ab\times 1$
$\quad =-3a^2b+6ab^2-3ab$

6-2 $(2a+3b)\times(-a)=2a\times(-a)+3b\times(-a)$
$\qquad\qquad\qquad\qquad =-2a^2-3ab$

7-1 $(x-7y)\times 3x=x\times 3x-7y\times 3x=3x^2-21xy$

7-2 $(3x-2y)\times(-3x)=3x\times(-3x)-2y\times(-3x)$
$\qquad\qquad\qquad\qquad\quad =-9x^2+6xy$

8-1 $(2x-6y)\times\left(-\dfrac{1}{2}x\right)=2x\times\left(-\dfrac{1}{2}x\right)-6y\times\left(-\dfrac{1}{2}x\right)$
$\qquad\qquad\qquad\qquad\qquad =-x^2+3xy$

8-2 $(15x-10y)\times\dfrac{2}{5}x=15x\times\dfrac{2}{5}x-10y\times\dfrac{2}{5}x$
$\qquad\qquad\qquad\qquad\qquad =6x^2-4xy$

9-1 $(9x+6y)\times\left(-\dfrac{2}{3}x\right)=9x\times\left(-\dfrac{2}{3}x\right)+6y\times\left(-\dfrac{2}{3}x\right)$
$\qquad\qquad\qquad\qquad\qquad =-6x^2-4xy$

9-2 $(9ab+15b)\times\dfrac{1}{3}b=9ab\times\dfrac{1}{3}b+15b\times\dfrac{1}{3}b$
$\qquad\qquad\qquad\qquad\qquad =3ab^2+5b^2$

10-1 $(x+3y-5)\times 2x=x\times 2x+3y\times 2x-5\times 2x$
$\qquad\qquad\qquad\qquad\quad =2x^2+6xy-10x$

10-2 $(a-3b+5)\times b=a\times b-3b\times b+5\times b$
$\qquad\qquad\qquad\qquad =ab-3b^2+5b$

11-1 $(a-5b-3)\times(-4a)$
$\quad =a\times(-4a)-5b\times(-4a)-3\times(-4a)$
$\quad =-4a^2+20ab+12a$

11-2 $(6a-9b-12)\times\left(-\dfrac{2}{3}a\right)$
$\quad =6a\times\left(-\dfrac{2}{3}a\right)-9b\times\left(-\dfrac{2}{3}a\right)-12\times\left(-\dfrac{2}{3}a\right)$
$\quad =-4a^2+6ab+8a$

24 (다항식)÷(단항식)
p. 94 ~ p. 95

1-1 $2x, 8x-6y$ **1-2** $3a+1$

2-1 $-x+2$ **2-2** $-2x+y$

3-1 $2x+4y$ **3-2** $-4a+3b$

4-1 $-2x+3y$ **4-2** $6x^3y-3x$

5-1 $-4a^4b^2-2ab^2$ **5-2** $-5a^2-ab$

6-1 $\dfrac{2}{3x}, \dfrac{2}{3x}, \dfrac{2}{3x}, 6x-2y$ **6-2** $-4x+16$

7-1 $15x-3$ **7-2** $-3a-\dfrac{3}{2}b$

8-1 $3b^2-6a$ **8-2** $\dfrac{4}{3}x+\dfrac{8}{3}y$

9-1 $-\dfrac{5}{2}a^2+10b$ **9-2** $6x^2y-xy$

10-1 $12ab^2-2ab$ **10-2** $8ab-12$

1-2 $(15a^2+5a)\div 5a = \dfrac{15a^2+5a}{5a} = \dfrac{15a^2}{5a}+\dfrac{5a}{5a} = 3a+1$

2-1 $(-3x^2+6x)\div 3x = \dfrac{-3x^2+6x}{3x}$
$$= \dfrac{-3x^2}{3x}+\dfrac{6x}{3x} = -x+2$$

2-2 $(12x^2-6xy)\div(-6x) = \dfrac{12x^2-6xy}{-6x}$
$$= \dfrac{12x^2}{-6x}-\dfrac{6xy}{-6x} = -2x+y$$

3-1 $(6xy+12y^2)\div 3y = \dfrac{6xy+12y^2}{3y}$
$$= \dfrac{6xy}{3y}+\dfrac{12y^2}{3y} = 2x+4y$$

3-2 $(8a^2-6ab)\div(-2a) = \dfrac{8a^2-6ab}{-2a}$
$$= \dfrac{8a^2}{-2a}-\dfrac{6ab}{-2a} = -4a+3b$$

4-1 $(4x^2y-6xy^2)\div(-2xy) = \dfrac{4x^2y-6xy^2}{-2xy}$
$$= \dfrac{4x^2y}{-2xy}-\dfrac{6xy^2}{-2xy}$$
$$= -2x+3y$$

4-2 $(18x^4y^2-9x^2y)\div 3xy = \dfrac{18x^4y^2-9x^2y}{3xy}$
$$= \dfrac{18x^4y^2}{3xy}-\dfrac{9x^2y}{3xy} = 6x^3y-3x$$

5-1 $(16a^5b^3+8a^2b^3)\div(-4ab) = \dfrac{16a^5b^3+8a^2b^3}{-4ab}$
$$= \dfrac{16a^5b^3}{-4ab}+\dfrac{8a^2b^3}{-4ab}$$
$$= -4a^4b^2-2ab^2$$

5-2 $(15a^4b+3a^3b^2)\div(-3a^2b) = \dfrac{15a^4b+3a^3b^2}{-3a^2b}$
$$= \dfrac{15a^4b}{-3a^2b}+\dfrac{3a^3b^2}{-3a^2b}$$
$$= -5a^2-ab$$

6-2 $(2x^2-8x)\div\left(-\dfrac{x}{2}\right) = (2x^2-8x)\times\left(-\dfrac{2}{x}\right)$
$$= -4x+16$$

7-1 $(10x^2-2x)\div\dfrac{2}{3}x = (10x^2-2x)\times\dfrac{3}{2x} = 15x-3$

7-2 $(2a^2+ab)\div\left(-\dfrac{2}{3}a\right) = (2a^2+ab)\times\left(-\dfrac{3}{2a}\right)$
$$= -3a-\dfrac{3}{2}b$$

8-1 $(ab^3-2a^2b)\div\dfrac{1}{3}ab = (ab^3-2a^2b)\times\dfrac{3}{ab} = 3b^2-6a$

8-2 $(x^2y+2xy^2)\div\dfrac{3}{4}xy = (x^2y+2xy^2)\times\dfrac{4}{3xy}$
$$= \dfrac{4}{3}x+\dfrac{8}{3}y$$

9-1 $(2a^3b-8ab^2)\div\left(-\dfrac{4}{5}ab\right)$
$$= (2a^3b-8ab^2)\times\left(-\dfrac{5}{4ab}\right) = -\dfrac{5}{2}a^2+10b$$

9-2 $\left(3x^3y^2-\dfrac{1}{2}x^2y^2\right)\div\dfrac{1}{2}xy = \left(3x^3y^2-\dfrac{1}{2}x^2y^2\right)\times\dfrac{2}{xy}$
$$= 6x^2y-xy$$

10-1 $\left(3a^2b^3-\dfrac{1}{2}a^2b^2\right)\div\dfrac{1}{4}ab = \left(3a^2b^3-\dfrac{1}{2}a^2b^2\right)\times\dfrac{4}{ab}$
$$= 12ab^2-2ab$$

10-2 $(4a^2b^3-6ab^2)\div\dfrac{1}{2}ab^2 = (4a^2b^3-6ab^2)\times\dfrac{2}{ab^2}$
$$= 8ab-12$$

25 덧셈, 뺄셈, 곱셈, 나눗셈이 혼합된 식의 계산
p. 96 ~ p. 97

1-1 $2xy, 12x^2, -2x^2+8xy$ **1-2** $-x^2+10x$

2-1 $2x^2$ **2-2** $-15x^2+4xy$

3-1 $3x-4y, 4y, -2x$ **3-2** $2y$

4-1 $2a^2-3b^2-5ab$ **4-2** $-3y+2$

5-1 $2x+7y$ **5-2** $-x-5y$

6-1 $-a-4b$ **6-2** $5a^2+5ab+16a$

7-1 $\dfrac{4}{3y}, 8x^2, 12x, -12x$ **7-2** $2y^2$

8-1 $6x^2y-xy^2$ **8-2** $-12x^2-14xy$

9-1 $10a^2-7ab$ **9-2** $8x^2-22xy$

1-2 $2x(x+4)-x(3x-2) = 2x^2+8x-3x^2+2x$
$$= -x^2+10x$$

2-1 $\dfrac{1}{3}x(12x-6y)+(x-y)\times(-2x)$
$$= 4x^2-2xy-2x^2+2xy = 2x^2$$

2-2 $\left(x+\dfrac{2}{3}y\right)\times(-3x)+6x(y-2x)$

$=-3x^2-2xy+6xy-12x^2=-15x^2+4xy$

3-2 $(6x^2-9xy)\div 3x-(4xy-10y^2)\div 2y$

$=\dfrac{6x^2-9xy}{3x}-\dfrac{4xy-10y^2}{2y}$

$=2x-3y-(2x-5y)$

$=2x-3y-2x+5y=2y$

4-1 $(4a^3-6a^2b)\div 2a-(9b^3+6ab^2)\div 3b$

$=\dfrac{4a^3-6a^2b}{2a}-\dfrac{9b^3+6ab^2}{3b}$

$=2a^2-3ab-(3b^2+2ab)$

$=2a^2-3ab-3b^2-2ab=2a^2-3b^2-5ab$

4-2 $(12x^2y-9xy^2)\div 3xy+(16x^2-8x)\div(-4x)$

$=\dfrac{12x^2y-9xy^2}{3xy}+\dfrac{16x^2-8x}{-4x}$

$=4x-3y+(-4x+2)$

$=4x-3y-4x+2=-3y+2$

5-1 $\dfrac{5x^2+3xy}{x}-\dfrac{3xy-4y^2}{y}=5x+3y-(3x-4y)$

$=5x+3y-3x+4y$

$=2x+7y$

5-2 $\dfrac{12x^2-8xy}{4x}-\dfrac{12x^2y+9xy^2}{3xy}=3x-2y-(4x+3y)$

$=3x-2y-4x-3y$

$=-x-5y$

6-1 $\dfrac{9a^2-6ab}{3a}-\dfrac{28a^2+14ab}{7a}=3a-2b-(4a+2b)$

$=3a-2b-4a-2b$

$=-a-4b$

6-2 $\dfrac{16a^2+8a^2b}{a}+\dfrac{5a^3b-3a^2b^2}{ab}$

$=16a+8ab+5a^2-3ab=5a^2+5ab+16a$

7-2 $y(3x-2y)+(24y^3-18xy^2)\div 6y$

$=y(3x-2y)+\dfrac{24y^3-18xy^2}{6y}$

$=3xy-2y^2+4y^2-3xy=2y^2$

8-1 $(8x^3y^2-4x^2y^3)\div 2xy+xy(2x+y)$

$=\dfrac{8x^3y^2-4x^2y^3}{2xy}+xy(2x+y)$

$=4x^2y-2xy^2+2x^2y+xy^2=6x^2y-xy^2$

8-2 $-5x(3x+2y)-(3x^3y-4x^2y^2)\div(-xy)$

$=-5x(3x+2y)-\dfrac{3x^3y-4x^2y^2}{-xy}$

$=-15x^2-10xy-(-3x^2+4xy)$

$=-15x^2-10xy+3x^2-4xy$

$=-12x^2-14xy$

9-1 $3a\left(3a-\dfrac{4}{3}b\right)+(2a^2b-6ab^2)\div 2b$

$=3a\left(3a-\dfrac{4}{3}b\right)+\dfrac{2a^2b-6ab^2}{2b}$

$=9a^2-4ab+a^2-3ab=10a^2-7ab$

9-2 $(6x^3y-3x^2y^2)\div \dfrac{3}{2}xy+4x(x-5y)$

$=(6x^3y-3x^2y^2)\times \dfrac{2}{3xy}+4x(x-5y)$

$=4x^2-2xy+4x^2-20xy=8x^2-22xy$

STEP 2

기본연산 집중연습 | 23~25　　　　p. 98 ~ p. 99

1-1 $8a^2+12ab$	**1-2** $3x^2-xy$
1-3 $2a^2b+3ab^2$	**1-4** $3x^2-6xy-3x$
1-5 $-10a^2+15ab+5ac$	**1-6** $-14xy+12y^2$
1-7 $21a^2b^2-28ab^3$	**1-8** $-10x^2+20xy-15x$
2-1 $4a-1$	**2-2** $-3x+2y$
2-3 $5a+b$	**2-4** $3x-2y$
2-5 $8a-12$	**2-6** $-7x-14y$
2-7 $6ab-3b$	**2-8** $15x-10y$
3-1 $-9x^2+8xy$	**3-2** $2a^2-7ab$
3-3 $-14x^2+13xy$	**3-4** $3x-5y$
3-5 $-xy+2x$	**3-6** $-7xy+3x$
3-7 $5x-y$	**3-8** $3x-5y$
3-9 x^2-10xy	**3-10** $5x^2-8x+6$

1-1 $4a(2a+3b)=4a\times 2a+4a\times 3b=8a^2+12ab$

1-2 $\dfrac{1}{3}x(9x-3y)=\dfrac{1}{3}x\times 9x-\dfrac{1}{3}x\times 3y=3x^2-xy$

1-3 $ab(2a+3b)=ab\times 2a+ab\times 3b=2a^2b+3ab^2$

1-4 $3x(x-2y-1)=3x\times x-3x\times 2y-3x\times 1$

$=3x^2-6xy-3x$

1-5 $-5a(2a-3b-c)$

$=-5a\times 2a-(-5a)\times 3b-(-5a)\times c$

$=-10a^2+15ab+5ac$

1-6 $(7x-6y)\times(-2y)=7x\times(-2y)-6y\times(-2y)$

$=-14xy+12y^2$

1-7 $(3ab-4b^2)\times 7ab=3ab\times 7ab-4b^2\times 7ab$

$=21a^2b^2-28ab^3$

1-8 $(2x-4y+3)\times(-5x)$

$=2x\times(-5x)-4y\times(-5x)+3\times(-5x)$

$=-10x^2+20xy-15x$

2-1 $(12a^2-3a)\div 3a=\dfrac{12a^2-3a}{3a}$

$\qquad\qquad\qquad =\dfrac{12a^2}{3a}-\dfrac{3a}{3a}=4a-1$

2-2 $(6x^2-4xy)\div(-2x)=\dfrac{6x^2-4xy}{-2x}$

$\qquad\qquad\qquad\qquad =\dfrac{6x^2}{-2x}-\dfrac{4xy}{-2x}$

$\qquad\qquad\qquad\qquad =-3x+2y$

2-3 $(25a^2+5ab)\div 5a=\dfrac{25a^2+5ab}{5a}$

$\qquad\qquad\qquad\qquad =\dfrac{25a^2}{5a}+\dfrac{5ab}{5a}=5a+b$

2-4 $(9x^2y-6xy^2)\div 3xy=\dfrac{9x^2y-6xy^2}{3xy}$

$\qquad\qquad\qquad\qquad =\dfrac{9x^2y}{3xy}-\dfrac{6xy^2}{3xy}=3x-2y$

2-5 $(6a^2-9a)\div\dfrac{3}{4}a=(6a^2-9a)\times\dfrac{4}{3a}$

$\qquad\qquad\qquad\qquad =8a-12$

2-6 $(5x^2+10xy)\div\left(-\dfrac{5}{7}x\right)=(5x^2+10xy)\times\left(-\dfrac{7}{5x}\right)$

$\qquad\qquad\qquad\qquad\qquad =-7x-14y$

2-7 $(8a^2b-4ab)\div\dfrac{4}{3}a=(8a^2b-4ab)\times\dfrac{3}{4a}$

$\qquad\qquad\qquad\qquad\qquad =6ab-3b$

2-8 $(18x^2y-12xy^2)\div\dfrac{6}{5}xy=(18x^2y-12xy^2)\times\dfrac{5}{6xy}$

$\qquad\qquad\qquad\qquad\qquad =15x-10y$

3-1 $2x(3x+y)-3x(5x-2y)$

$\qquad =6x^2+2xy-15x^2+6xy=-9x^2+8xy$

3-2 $-4a(a-2b)+3a(2a-5b)$

$\qquad =-4a^2+8ab+6a^2-15ab=2a^2-7ab$

3-3 $5x(-2x+y)-4x(x-2y)$

$\qquad =-10x^2+5xy-4x^2+8xy=-14x^2+13xy$

3-4 $(8x^2-6xy)\div 2x-(7xy+14y^2)\div 7y$

$\qquad =\dfrac{8x^2-6xy}{2x}-\dfrac{7xy+14y^2}{7y}$

$\qquad =4x-3y-(x+2y)$

$\qquad =4x-3y-x-2y=3x-5y$

3-5 $(x^2y-3xy)\div(-x)+(4xy^2-6y^3)\div 2y^2$

$\qquad =\dfrac{x^2y-3xy}{-x}+\dfrac{4xy^2-6y^3}{2y^2}$

$\qquad =-xy+3y+2x-3y=-xy+2x$

3-6 $(-3y+2)\div\dfrac{1}{3x}+(15x^2-10x^2y)\div(-5x)$

$\qquad =(-3y+2)\times 3x+\dfrac{15x^2-10x^2y}{-5x}$

$\qquad =-9xy+6x-3x+2xy=-7xy+3x$

3-7 $\dfrac{24x^2-9xy}{3x}-\dfrac{15xy-10y^2}{5y}$

$\qquad =8x-3y-(3x-2y)$

$\qquad =8x-3y-3x+2y=5x-y$

3-8 $\dfrac{8x^2-6xy}{2x}-\dfrac{7x^2y+14xy^2}{7xy}=4x-3y-(x+2y)$

$\qquad\qquad\qquad\qquad\qquad\qquad =4x-3y-x-2y$

$\qquad\qquad\qquad\qquad\qquad\qquad =3x-5y$

3-9 $4x(x-y)-(2x^2y^2+x^3y)\div\dfrac{1}{3}xy$

$\qquad =4x(x-y)-(2x^2y^2+x^3y)\times\dfrac{3}{xy}$

$\qquad =4x^2-4xy-(6xy+3x^2)$

$\qquad =4x^2-4xy-6xy-3x^2=x^2-10xy$

3-10 $(2x^2-4x)\div\left(-\dfrac{2}{3}x\right)+5x(x-1)$

$\qquad =(2x^2-4x)\times\left(-\dfrac{3}{2x}\right)+5x(x-1)$

$\qquad =-3x+6+5x^2-5x=5x^2-8x+6$

STEP 3

기본연산 테스트 p. 100 ~ p. 101

1 (1) a^5 (2) a^{12} (3) a^6 (4) 1 (5) $\dfrac{1}{x^6}$ (6) a^8b^{12} (7) $\dfrac{x^{10}}{y^6}$

2 (1) 3 (2) 8 (3) 6 (4) 5 (5) 4

3 (1) $18x^3y$ (2) $-54xy^3$ (3) $-40x^4y^2$ (4) $-12x^5y^4$

$\qquad$ (5) $-9x^5y^4$ (6) $12ab^4$ (7) $-\dfrac{2x}{y}$ (8) $48x^5y$ (9) $9x^2y^3$

$\qquad$ (10) $24x^3y$

4 $4x^4y^2$

5 (1) ○ (2) × (3) ○ (4) × (5) ○

6 (1) $7a+b$ (2) $5x+4y+6$ (3) $-a+7b$

$\qquad$ (4) $-5x+7y-8$ (5) $\dfrac{7x+13y}{12}$ (6) $\dfrac{-x+5y}{6}$

7 (1) $4x^2+2x-4$ (2) $6x^2-12x-6$ (3) $-2x-11y$

$\qquad$ (4) $-6x^2+x+3$

8 (1) $6x^2-3x$ (2) $6x^2-9xy+12x$ (3) $-3x-1$

$\qquad$ (4) $6x-4$ (5) $3x^2+8$ (6) $8x-3y$ (7) $x+5y$

2

(1) $a^\square \times a^4 = a^{\square+4} = a^7$에서 $\square + 4 = 7$ $\therefore \square = 3$

(2) $a^5 \div a^\square = \dfrac{1}{a^{\square-5}} = \dfrac{1}{a^3}$에서 $\square - 5 = 3$ $\therefore \square = 8$

(3) $(x^\square y^3)^2 = x^{\square \times 2} y^{3 \times 2} = x^{12} y^6$에서

$\square \times 2 = 12$ $\therefore \square = 6$

(4) $(x^2 y^\square)^3 = x^{2 \times 3} y^{\square \times 3} = x^6 y^{15}$에서

$\square \times 3 = 15$ $\therefore \square = 5$

(5) $\left(\dfrac{a^2}{b^\square}\right)^4 = \dfrac{a^{2 \times 4}}{b^{\square \times 4}} = \dfrac{a^8}{b^{16}}$에서 $\square \times 4 = 16$ $\therefore \square = 4$

3

(2) $2x \times (-3y)^3 = 2x \times (-27y^3) = -54xy^3$

(3) $(-2x)^3 \times 5xy^2 = -8x^3 \times 5xy^2 = -40x^4 y^2$

(4) $(-2x^2 y)^2 \times (-3xy^2) = 4x^4 y^2 \times (-3xy^2)$

$= -12x^5 y^4$

(5) $-3x^2 \times \left(-\dfrac{3}{2}y\right)^2 \times \dfrac{4}{3} x^3 y^2 = -3x^2 \times \dfrac{9}{4} y^2 \times \dfrac{4}{3} x^3 y^2$

$= -9x^5 y^4$

(6) $9a^2 b^5 \div \dfrac{3}{4} ab = 9a^2 b^5 \times \dfrac{4}{3ab} = 12ab^4$

(7) $(2xy)^3 \div (-4x^2 y^4) = 8x^3 y^3 \div (-4x^2 y^4)$

$= \dfrac{8x^3 y^3}{-4x^2 y^4} = -\dfrac{2x}{y}$

(8) $(-12x^3 y)^2 \div 3xy = 144x^6 y^2 \div 3xy$

$= \dfrac{144x^6 y^2}{3xy} = 48x^5 y$

(9) $(-6x^3 y)^2 \div 4x^5 y \times xy^2 = 36x^6 y^2 \times \dfrac{1}{4x^5 y} \times xy^2$

$= 9x^2 y^3$

(10) $3x^2 y \times (-2xy)^3 \div (-x^2 y^3)$

$= 3x^2 y \times (-8x^3 y^3) \times \left(-\dfrac{1}{x^2 y^3}\right) = 24x^3 y$

4

$(-4x^3)^2 \times 2xy^3 \div \square = 8x^3 y$에서

$16x^6 \times 2xy^3 \times \dfrac{1}{\square} = 8x^3 y$

$32x^7 y^3 \times \dfrac{1}{\square} = 8x^3 y$ $\therefore \square = \dfrac{32x^7 y^3}{8x^3 y} = 4x^4 y^2$

5

(4) $x^2 - x(x+1) - 2 = x^2 - x^2 - x - 2 = -x - 2$

따라서 x에 대한 이차식이 아니다.

(5) $2x^2 - x(x+3) = 2x^2 - x^2 - 3x = x^2 - 3x$

따라서 x에 대한 이차식이다.

6

(2) $(2x - 11y + 3) + 3(x + 5y + 1)$

$= 2x - 11y + 3 + 3x + 15y + 3 = 5x + 4y + 6$

(3) $(2a + 3b) - (3a - 4b) = 2a + 3b - 3a + 4b$

$= -a + 7b$

(4) $-2(x - 4y + 7) - (3x + y - 6)$

$= -2x + 8y - 14 - 3x - y + 6 = -5x + 7y - 8$

(5) $\dfrac{x + 5y}{4} + \dfrac{2x - y}{6} = \dfrac{3(x + 5y) + 2(2x - y)}{12}$

$= \dfrac{3x + 15y + 4x - 2y}{12}$

$= \dfrac{7x + 13y}{12}$

(6) $\dfrac{x - 2y}{3} - \dfrac{x - 3y}{2} = \dfrac{2(x - 2y) - 3(x - 3y)}{6}$

$= \dfrac{2x - 4y - 3x + 9y}{6}$

$= \dfrac{-x + 5y}{6}$

7

(1) $3(x^2 - x + 1) + (x^2 + 5x - 7)$

$= 3x^2 - 3x + 3 + x^2 + 5x - 7 = 4x^2 + 2x - 4$

(2) $4(2x^2 - 4x + 1) - 2(x^2 - 2x + 5)$

$= 8x^2 - 16x + 4 - 2x^2 + 4x - 10$

$= 6x^2 - 12x - 6$

(3) $5x - [3x - \{x - 7y - (5x + 4y)\}]$

$= 5x - \{3x - (x - 7y - 5x - 4y)\}$

$= 5x - \{3x - (-4x - 11y)\}$

$= 5x - (3x + 4x + 11y)$

$= 5x - (7x + 11y)$

$= 5x - 7x - 11y = -2x - 11y$

(4) $-3x^2 + 2 - \{5x^2 - 1 - (2x^2 + x)\}$

$= -3x^2 + 2 - (5x^2 - 1 - 2x^2 - x)$

$= -3x^2 + 2 - (3x^2 - x - 1)$

$= -3x^2 + 2 - 3x^2 + x + 1 = -6x^2 + x + 3$

8

(1) $x(6x - 3) = x \times 6x - x \times 3 = 6x^2 - 3x$

(2) $-3x(-2x + 3y - 4)$

$= -3x \times (-2x) + (-3x) \times 3y - (-3x) \times 4$

$= 6x^2 - 9xy + 12x$

(3) $(12x^2 + 4x) \div (-4x) = \dfrac{12x^2 + 4x}{-4x}$

$= \dfrac{12x^2}{-4x} + \dfrac{4x}{-4x}$

$= -3x - 1$

(4) $(9x^2 - 6x) \div \dfrac{3}{2} x = (9x^2 - 6x) \times \dfrac{2}{3x} = 6x - 4$

(5) $2(x + 4) + x(3x - 2) = 2x + 8 + 3x^2 - 2x$

$= 3x^2 + 8$

(6) $\dfrac{20x^2 - 5xy}{5x} - \dfrac{16xy - 8y^2}{-4y} = 4x - y - (-4x + 2y)$

$= 4x - y + 4x - 2y$

$= 8x - 3y$

(7) $(15x^2 - 6xy) \div 3x - (20xy - 35y^2) \times \dfrac{1}{5y}$

$= \dfrac{15x^2 - 6xy}{3x} - (20xy - 35y^2) \times \dfrac{1}{5y}$

$= 5x - 2y - (4x - 7y)$

$= 5x - 2y - 4x + 7y = x + 5y$

3

부등식

STEP 1

01 부등식 p. 104

1-1 ○   1-2 ×
2-1 ×   2-2 ○
3-1 ×   3-2 ○
4-1 ○   4-2 ×
5-1 ×   5-2 ○
6-1 ○   6-2 ×

02 부등식의 표현 p. 105

1-1 $\geq$ 1-2 $x < 3$
2-1 $x \leq 9$ 2-2 $x > -2$
3-1 $x < 7$ 3-2 $x \leq -4$
4-1 $x \geq -1$ 4-2 $x \leq 10$
5-1 $x > -6$ 5-2 $x \geq 8$

03 문장을 부등식으로 나타내기 p. 106 ~ p. 107

1-1 $<$ 1-2 $x - 5 > 10$
2-1 $2x \geq 10$ 2-2 $25 - x \leq 5$
3-1 $2x \geq x + 7$ 3-2 $3x - 1 \leq 10$
4-1 $10 + 3x < 17$ 4-2 $7(x-3) \leq 4x$
5-1 $800x > 7000$ 5-2 $10x \leq 12000$
6-1 $1500 + 1000x < 10000$ 6-2 $40 - x \geq 20$
7-1 $x + 15 \leq 2x$ 7-2 $x + 8 \geq 120$
8-1 $4x \geq 10$ 8-2 $6x > 30$
9-1 $8x \leq 5$ 9-2 $\dfrac{x}{40} < 2$

04 부등식의 해 p. 108

1-1 ○   1-2 ×
2-1 ×   2-2 ○
3-1 ×   3-2 ○
4-1 ○   4-2 ×
5-1 ○   5-2 ×

1-1 $x = 3$을 부등식에 대입하면
$2 \times 3 \geq -1$ (참)

1-2 $x = 3$을 부등식에 대입하면
$3 + 2 \leq -1$ (거짓)

2-1 $x = 3$을 부등식에 대입하면
$3 \times 3 < 3 - 1$ (거짓)

2-2 $x = 3$을 부등식에 대입하면
$3 > -3 \times 3 + 2$ (참)

3-2 $x = -2$를 부등식에 대입하면
$3 - (-2) \geq 4$ (참)

4-1 $x = 1$을 부등식에 대입하면
$2 \times 1 - 5 > -4$ (참)

4-2 $x = 3$을 부등식에 대입하면
$4 - 2 \times 3 \leq -3$ (거짓)

5-1 $x = -3$을 부등식에 대입하면
$1 - 2 \times (-3) > 5$ (참)

5-2 $x = 2$를 부등식에 대입하면
$3 \times 2 + 1 \leq 5$ (거짓)

05 부등식을 푼다 p. 109

1-1

x의 값	좌변	부등호	우변	참, 거짓 판별
-2	$3 \times (-2) - 2 = -8$	$<$	-5	거짓
-1	$3 \times (-1) - 2 = -5$	$=$	-5	거짓
0	$3 \times 0 - 2 = -2$	$>$	-5	참
1	$3 \times 1 - 2 = 1$	$>$	-5	참
2	$3 \times 2 - 2 = 4$	$>$	-5	참

$0, 1, 2$

1-2

x의 값	좌변	부등호	우변	참, 거짓 판별
-2	$4 \times (-2) - 3 = -11$	$<$	1	참
-1	$4 \times (-1) - 3 = -7$	$<$	1	참
0	$4 \times 0 - 3 = -3$	$<$	1	참
1	$4 \times 1 - 3 = 1$	$=$	1	참
2	$4 \times 2 - 3 = 5$	$>$	1	거짓

$-2, -1, 0, 1$

2-1 $2, 3$ 2-2 $2, 3, 4$
3-1 $4, 5$ 3-2 $3, 4, 5$

2-1 $x=2$일 때, $6-2>2$ (참)

$x=3$일 때, $6-3>2$ (참)

$x=4$일 때, $6-4>2$ (거짓)

$x=5$일 때, $6-5>2$ (거짓)

따라서 부등식의 해는 2, 3이다.

2-2 $x=2$일 때, $2\times2+3\leq11$ (참)

$x=3$일 때, $2\times3+3\leq11$ (참)

$x=4$일 때, $2\times4+3\leq11$ (참)

$x=5$일 때, $2\times5+3\leq11$ (거짓)

따라서 부등식의 해는 2, 3, 4이다.

3-1 $x=2$일 때, $4\times2-14\geq2$ (거짓)

$x=3$일 때, $4\times3-14\geq2$ (거짓)

$x=4$일 때, $4\times4-14\geq2$ (참)

$x=5$일 때, $4\times5-14\geq2$ (참)

따라서 부등식의 해는 4, 5이다.

3-2 $x=2$일 때, $7-2<5\times2-5$ (거짓)

$x=3$일 때, $7-3<5\times3-5$ (참)

$x=4$일 때, $7-4<5\times4-5$ (참)

$x=5$일 때, $7-5<5\times5-5$ (참)

따라서 부등식의 해는 3, 4, 5이다.

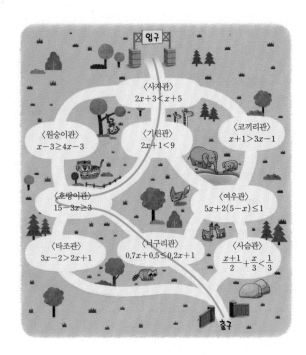

STEP 2

기본연산 집중연습 | 01~05
p. 110 ~ p. 111

1-1 ○		**1-2** ×	
1-3 ×		**1-4** ○	
1-5 ○		**1-6** ×	
1-7 ×		**1-8** ○	
2-1 $x\leq4$		**2-2** $2x>10$	
2-3 $4x-3\geq-5$		**2-4** $3x+1>2x$	
2-5 $3(x-6)<7x$		**2-6** $\dfrac{5}{4}x\leq4000$	

3 　사자관, 기린관, 호랑이관, 너구리관

STEP 1

06 부등식의 성질 (1)
p. 112 ~ p. 113

1-1 $\leq$		**1-2** $\leq$	
2-1 $\leq$		**2-2** $\geq$	
3-1 $\leq$		**3-2** $\leq$	
4-1 $\geq, \geq, \geq$		**4-2** $\geq$	
5-1 $\leq$		**5-2** $\geq$	
6-1 $>$		**6-2** $>$	
7-1 $<$		**7-2** $>$	
8-1 $>$		**8-2** $>$	
9-1 $<$		**9-2** $<$	
10-1 $<$		**10-2** $<$	
11-1 $>$		**11-2** $<$	

3-1 　　　$a\leq b$

　　　$2a\leq2b$

$\therefore 2a+1\leq2b+1$

3-2 　　　$a\leq b$

　　　$\dfrac{a}{7}\leq\dfrac{b}{7}$

$\therefore \dfrac{a}{7}-3\leq\dfrac{b}{7}-3$

4-2 　　　$a\leq b$

$-\dfrac{2}{5}a\geq-\dfrac{2}{5}b$

$\therefore -\dfrac{2}{5}a+1\geq-\dfrac{2}{5}b+1$

5-1 　　　$a\leq b$

　　　$a-1\leq b-1$

$\therefore 5(a-1)\leq5(b-1)$

5-2
$a \le b$
$a+6 \le b+6$
$\therefore -(a+6) \ge -(b+6)$

8-1
$a > b$
$7a > 7b$
$\therefore 7a-3 > 7b-3$

8-2
$a > b$
$3a > 3b$
$\therefore 2+3a > 2+3b$

9-1
$a > b$
$-2a < -2b$
$\therefore -2a+1 < -2b+1$

9-2
$a > b$
$-3a < -3b$
$\therefore -3a-6 < -3b-6$

10-1
$a > b$
$-7a < -7b$
$\therefore 8-7a < 8-7b$

10-2
$a > b$
$-\dfrac{a}{4} < -\dfrac{b}{4}$
$\therefore 5-\dfrac{a}{4} < 5-\dfrac{b}{4}$

11-1
$a > b$
$a+1 > b+1$
$\therefore 2(a+1) > 2(b+1)$

11-2
$a > b$
$a-3 > b-3$
$\therefore -(a-3) < -(b-3)$

---

07 부등식의 성질 (2) p. 114 ~ p. 115

1-1 $>$	**1-2** $\le$
2-1 $\ge$	**2-2** $<$
3-1 $\le$	**3-2** $\ge$
4-1 $<$	**4-2** $>$
5-1 $>$	**5-2** $\le$
6-1 $<$	**6-2** $\ge$
7-1 $>, <, >$	**7-2** $<$
8-1 $<$	**8-2** $>$
9-1 $\le$	**9-2** $\ge$
10-1 $\ge$	**10-2** $<$
11-1 $\le$	**11-2** $>$

3-1
$5a+3 \le 5b+3$
$5a \le 5b$
$\therefore a \le b$

3-2
$4a-13 \ge 4b-13$
$4a \ge 4b$
$\therefore a \ge b$

4-1
$\dfrac{1}{7}a-4 < \dfrac{1}{7}b-4$
$\dfrac{1}{7}a < \dfrac{1}{7}b$
$\therefore a < b$

4-2
$6+\dfrac{1}{3}a > 6+\dfrac{1}{3}b$
$\dfrac{1}{3}a > \dfrac{1}{3}b$
$\therefore a > b$

5-1
$\dfrac{a-1}{2} > \dfrac{b-1}{2}$
$a-1 > b-1$
$\therefore a > b$

5-2
$9(a+1) \le 9(b+1)$
$a+1 \le b+1$
$\therefore a \le b$

7-2
$-a+1 > -b+1$
$-a > -b$
$\therefore a < b$

8-1
$3-5a > 3-5b$
$-5a > -5b$
$\therefore a < b$

8-2
$-\dfrac{1}{6}a-\dfrac{1}{3} < -\dfrac{1}{6}b-\dfrac{1}{3}$
$-\dfrac{1}{6}a < -\dfrac{1}{6}b$
$\therefore a > b$

9-1
$-\dfrac{2}{3}a+2 \ge -\dfrac{2}{3}b+2$
$-\dfrac{2}{3}a \ge -\dfrac{2}{3}b$
$\therefore a \le b$

9-2
$-(a-1) < -(b-1)$
$a-1 > b-1$
$\therefore a > b$

10-1
$5a+1 \le 5b+1$
$5a \le 5b$
$a \le b$
$\therefore -a \ge -b$

10-2
$\dfrac{a}{4}-1 > \dfrac{b}{4}-1$
$\dfrac{a}{4} > \dfrac{b}{4}$
$a > b$
$\therefore -a < -b$

11-1
$-3a+1 \ge -3b+1$
$-3a \ge -3b$
$a \le b$
$\therefore 2a \le 2b$

11-2
$-2a+1 < -2b+1$
$-2a < -2b$
$a > b$
$\therefore 3a > 3b$

---

08 식의 값의 범위 (1) p. 116 ~ p. 117

1-1 $x+2 \ge 4$	**1-2** $x-4 < -5$
2-1 $3x+3 \le -3$	**2-2** $5x+2 < 17$
3-1 $2x-5 > -3$	**3-2** $4x-1 \le -13$
4-1 $\dfrac{1}{5}x-3 \ge -4$	**4-2** $\dfrac{3}{2}x-1 > 5$
5-1 $<, <$	**5-2** $-x-2 \le 5$
6-1 $-5x+2 \ge 17$	**6-2** $-2x+3 > -7$
7-1 $-4x+1 > -3$	**7-2** $7-2x < 25$
8-1 $-\dfrac{1}{2}x+5 \ge 7$	**8-2** $-\dfrac{3}{5}x-1 \le -7$

2-1
$x \le -2$
$3x \le -6$
$\therefore 3x+3 \le -3$

2-2
$x < 3$
$5x < 15$
$\therefore 5x+2 < 17$

3-1
$x > 1$
$2x > 2$
$\therefore 2x-5 > -3$

3-2
$x \le -3$
$4x \le -12$
$\therefore 4x-1 \le -13$

4-1
$$x \geq -5$$
$$\frac{1}{5}x \geq -1$$
$$\therefore \frac{1}{5}x - 3 \geq -4$$

4-2
$$x > 4$$
$$\frac{3}{2}x > 6$$
$$\therefore \frac{3}{2}x - 1 > 5$$

5-2
$$x \geq -7$$
$$-x \leq 7$$
$$\therefore -x - 2 \leq 5$$

6-1
$$x \leq -3$$
$$-5x \geq 15$$
$$\therefore -5x + 2 \geq 17$$

6-2
$$x < 5$$
$$-2x > -10$$
$$\therefore -2x + 3 > -7$$

7-1
$$x < 1$$
$$-4x > -4$$
$$\therefore -4x + 1 > -3$$

7-2
$$x > -9$$
$$-2x < 18$$
$$\therefore 7 - 2x < 25$$

8-1
$$x \leq -4$$
$$-\frac{1}{2}x \geq 2$$
$$\therefore -\frac{1}{2}x + 5 \geq 7$$

8-2
$$x \geq 10$$
$$-\frac{3}{5}x \leq -6$$
$$\therefore -\frac{3}{5}x - 1 \leq -7$$

4-2
$$-3 \leq x \leq 1$$
$$-1 \leq -x \leq 3$$
$$\therefore 1 \leq -x + 2 \leq 5$$

5-1
$$-2 < x < 1$$
$$-4 < -4x < 8$$
$$\therefore 1 < -4x + 5 < 13$$

5-2
$$-4 < x \leq 1$$
$$-2 \leq -2x < 8$$
$$\therefore -6 \leq -2x - 4 < 4$$

6-1
$$-2 \leq x < 3$$
$$-6 < -2x \leq 4$$
$$\therefore -3 < 3 - 2x \leq 7$$

6-2
$$1 \leq x \leq 4$$
$$-20 \leq -5x \leq -5$$
$$\therefore -18 \leq 2 - 5x \leq -3$$

7-1
$$-6 < x < 3$$
$$-2 < -\frac{2}{3}x < 4$$
$$\therefore -5 < -\frac{2}{3}x - 3 < 1$$

7-2
$$-2 < x \leq 2$$
$$-1 \leq -\frac{1}{2}x < 1$$
$$\therefore 1 \leq -\frac{1}{2}x + 2 < 3$$

---

09 식의 값의 범위 (2)   p. 118 ~ p. 119

1-1 $-6 \leq 2x < 2$, -6, 2, -6, 2, $-4 \leq 2x + 2 < 4$
1-2 $-5 \leq 4x - 1 \leq 11$
2-1 $-7 < 3 + 5x \leq 23$ **2-2** $-10 < 3x - 7 < -4$
3-1 $1 \leq \frac{1}{2}x + 1 < 3$ **3-2** $-3 < \frac{1}{3}x - 2 \leq -1$
4-1 $-1 < -3x \leq 12$, -1, 12, -1, 12, $0 < -3x + 1 \leq 13$
4-2 $1 \leq -x + 2 \leq 5$
5-1 $1 < -4x + 5 < 13$ **5-2** $-6 \leq -2x - 4 < 4$
6-1 $-3 < 3 - 2x \leq 7$ **6-2** $-18 \leq 2 - 5x \leq -3$
7-1 $-5 < -\frac{2}{3}x - 3 < 1$ **7-2** $1 \leq -\frac{1}{2}x + 2 < 3$

1-2
$$-1 \leq x \leq 3$$
$$-4 \leq 4x \leq 12$$
$$\therefore -5 \leq 4x - 1 \leq 11$$

2-1
$$-2 < x \leq 4$$
$$-10 < 5x \leq 20$$
$$\therefore -7 < 3 + 5x \leq 23$$

2-2
$$-1 < x < 1$$
$$-3 < 3x < 3$$
$$\therefore -10 < 3x - 7 < -4$$

3-1
$$0 \leq x < 4$$
$$0 \leq \frac{1}{2}x < 2$$
$$\therefore 1 \leq \frac{1}{2}x + 1 < 3$$

3-2
$$-3 < x \leq 3$$
$$-1 < \frac{1}{3}x \leq 1$$
$$\therefore -3 < \frac{1}{3}x - 2 \leq -1$$

기본연산 집중연습 | 06~09   p. 120 ~ p. 121

1 이탈리아
2-1 $2x + 3 > 9$ **2-2** $5x - 2 \leq 3$
2-3 $-x - 4 > -2$ **2-4** $3 - 2x \leq 13$
2-5 $2 - 4x \geq 14$ **2-6** $-\frac{1}{2}x + 1 > 0$
3-1 $-7 \leq 6x - 1 < 17$ **3-2** $4 < \frac{1}{3}x + 4 < 6$
3-3 $-4 \leq -3x + 5 < 8$ **3-4** $-14 \leq -4x + 2 \leq -2$
3-5 $-9 \leq 1 - 2x < 1$ **3-6** $1 < -\frac{1}{2}x + 6 \leq 7$

1

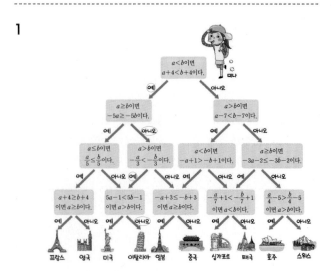

2-1
$$x>3$$
$$2x>6$$
$$\therefore 2x+3>9$$

2-2
$$x\le 1$$
$$5x\le 5$$
$$\therefore 5x-2\le 3$$

2-3
$$x<-2$$
$$-x>2$$
$$\therefore -x-4>-2$$

2-4
$$x\ge -5$$
$$-2x\le 10$$
$$\therefore 3-2x\le 13$$

2-5
$$x\le -3$$
$$-4x\ge 12$$
$$\therefore 2-4x\ge 14$$

2-6
$$x<2$$
$$-\frac{1}{2}x>-1$$
$$\therefore -\frac{1}{2}x+1>0$$

3-1
$$-1\le \ x\ <3$$
$$-6\le \ 6x\ <18$$
$$\therefore -7\le 6x-1<17$$

3-2
$$0<\ x\ <6$$
$$0<\ \frac{1}{3}x\ <2$$
$$\therefore 4<\frac{1}{3}x+4<6$$

3-3
$$-1<\ x\ \le 3$$
$$-9\le \ -3x\ <3$$
$$\therefore -4\le -3x+5<8$$

3-4
$$1\le \ x\ \le 4$$
$$-16\le \ -4x\ \le -4$$
$$\therefore -14\le -4x+2\le -2$$

3-5
$$0<\ x\ \le 5$$
$$-10\le \ -2x\ <0$$
$$\therefore -9\le 1-2x<1$$

3-6
$$-2\le \ x\ <10$$
$$-5<\ -\frac{1}{2}x\ \le 1$$
$$\therefore 1<-\frac{1}{2}x+6\le 7$$

1-1 4, 4, 7

1-2 $x<-5$
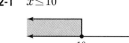

2-1 $x\le 10$
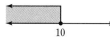

2-2 $x<-2$
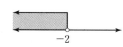

3-1 $x<11$
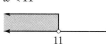

3-2 $x\le -8$
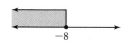

4-1 $x\ge -3$

4-2 $x>15$

5-1 10, 5, 5, 2

5-2 $x<6$

6-1 $x\ge 3$
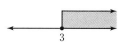

6-2 $x\ge 4$

7-1 $x>3$
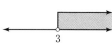

7-2 $x<-2$
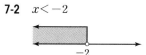

8-1 $x\le 2$
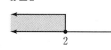

8-2 $x>2$

9-1 $x>3$

9-2 $x\ge 15$
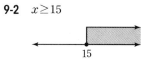

1-2
$$x+2<-3$$
$$x+2-2<-3-2$$
$$\therefore x<-5$$

2-1
$$\frac{x}{2}\le 5$$
$$\frac{x}{2}\times 2\le 5\times 2$$
$$\therefore x\le 10$$

2-2
$$-3x>6$$
$$\frac{-3x}{-3}<\frac{6}{-3}$$
$$\therefore x<-2$$

3-1
$$x-7<4$$
$$x-7+7<4+7$$
$$\therefore x<11$$

STEP 1

10 부등식의 해를 수직선 위에 나타내기   p. 122

1-1 $x\ge -3$ **1-2** $x\le 5$

2-1 $x<4$ **2-2** $x>0$

3-1
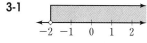

3-2
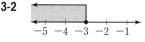

4-1
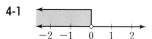

4-2
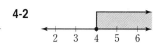

3-2
$$-\frac{1}{2}x \geq 4$$
$$-\frac{1}{2}x \times (-2) \leq 4 \times (-2)$$
$$\therefore x \leq -8$$

4-1
$$x+5 \geq 2$$
$$x+5-5 \geq 2-5$$
$$\therefore x \geq -3$$

4-2
$$\frac{2}{3}x > 10$$
$$\frac{2}{3}x \times \frac{3}{2} > 10 \times \frac{3}{2}$$
$$\therefore x > 15$$

5-2
$$2x-5 < 7$$
$$2x-5+5 < 7+5$$
$$2x < 12$$
$$\frac{2x}{2} < \frac{12}{2}$$
$$\therefore x < 6$$

6-1
$$6x-5 \geq 13$$
$$6x-5+5 \geq 13+5$$
$$6x \geq 18$$
$$\frac{6x}{6} \geq \frac{18}{6}$$
$$\therefore x \geq 3$$

6-2
$$-\frac{1}{2}x+3 \leq 1$$
$$-\frac{1}{2}x+3-3 \leq 1-3$$
$$-\frac{1}{2}x \leq -2$$
$$-\frac{1}{2}x \times (-2) \geq -2 \times (-2)$$
$$\therefore x \geq 4$$

7-1
$$-3x+2 < -7$$
$$-3x+2-2 < -7-2$$
$$-3x < -9$$
$$\frac{-3x}{-3} > \frac{-9}{-3}$$
$$\therefore x > 3$$

7-2
$$-5x-6 > 4$$
$$-5x-6+6 > 4+6$$
$$-5x > 10$$
$$\frac{-5x}{-5} < \frac{10}{-5}$$
$$\therefore x < -2$$

8-1
$$3x-1 \leq 5$$
$$3x-1+1 \leq 5+1$$
$$3x \leq 6$$
$$\frac{3x}{3} \leq \frac{6}{3}$$
$$\therefore x \leq 2$$

8-2
$$-7x+5 < -9$$
$$-7x+5-5 < -9-5$$
$$-7x < -14$$
$$\frac{-7x}{-7} > \frac{-14}{-7}$$
$$\therefore x > 2$$

9-1
$$4x-2 > 10$$
$$4x-2+2 > 10+2$$
$$4x > 12$$
$$\frac{4x}{4} > \frac{12}{4}$$
$$\therefore x > 3$$

9-2
$$\frac{1}{3}x-4 \geq 1$$
$$\frac{1}{3}x-4+4 \geq 1+4$$
$$\frac{1}{3}x \geq 5$$
$$\frac{1}{3}x \times 3 \geq 5 \times 3$$
$$\therefore x \geq 15$$

12 일차부등식 p. 125

1-1	×	**1-2**	○
2-1	○	**2-2**	×
3-1	×	**3-2**	×
4-1	○	**4-2**	×
5-1	○	**5-2**	×
6-1	○	**6-2**	×

2-1 $3x-2 \leq -3x+2$에서 $6x-4 \leq 0$ (일차부등식)

3-2 $4x > 4(x-1)$에서 $4x > 4x-4$
$\therefore 4 > 0$ (일차부등식이 아니다.)

5-1 $3x^2-x+4 \leq 2+3x^2$에서 $-x+2 \leq 0$ (일차부등식)

6-1 $x(x+2) > x^2$에서 $x^2+2x > x^2$
$\therefore 2x > 0$ (일차부등식)

6-2 $x-2 < x+6$에서 $-8 < 0$ (일차부등식이 아니다.)

13 일차부등식의 풀이 (1)

p. 126 ~ p. 127

1-1 $1, 8, 4$

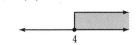

1-2 $x < -1$

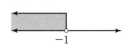

2-1 $x > 3$

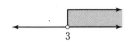

2-2 $x \leq -2$

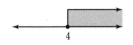

3-1 $x > -1$ **3-2** $x \leq 6$

4-1 $x \geq -3$ **4-2** $x < 3$

5-1 $3x, -x, 4$

5-2 $x < -1$

6-1 $x > 2$ **6-2** $x \leq -3$

7-1 $x \geq 1$ **7-2** $x > 2$

8-1 $x < -4$ **8-2** $x < 2$

9-1 $x \leq 4$ **9-2** $x \leq 1$

10-1 $x < -\dfrac{1}{3}$ **10-2** $x \leq -4$

1-2 $3x + 2 < -1$
$$3x < -3$$
$$\therefore x < -1$$

2-1 $-3x + 2 < -7$
$$-3x < -9$$
$$\therefore x > 3$$

2-2 $-4x + 2 \geq 10$
$$-4x \geq 8$$
$$\therefore x \leq -2$$

3-1 $2x - 1 > -3$
$$2x > -2$$
$$\therefore x > -1$$

3-2 $3x - 5 \leq 13$
$$3x \leq 18$$
$$\therefore x \leq 6$$

4-1 $-5x - 3 \leq 12$
$$-5x \leq 15$$
$$\therefore x \geq -3$$

4-2 $-7x + 1 > -20$
$$-7x > -21$$
$$\therefore x < 3$$

5-2 $-x > 2x + 3$
$$-3x > 3$$
$$\therefore x < -1$$

6-1 $4x > x + 6$
$$3x > 6$$
$$\therefore x > 2$$

6-2 $5x \leq 2x - 9$
$$3x \leq -9$$
$$\therefore x \leq -3$$

7-1 $2x \geq -3x + 5$
$$5x \geq 5$$
$$\therefore x \geq 1$$

7-2 $-x < 5x - 12$
$$-6x < -12$$
$$\therefore x > 2$$

8-1 $-4x < -6x - 8$
$$2x < -8$$
$$\therefore x < -4$$

8-2 $4x > 5x - 2$
$$-x > -2$$
$$\therefore x < 2$$

9-1 $x \geq 3x - 8$
$$-2x \geq -8$$
$$\therefore x \leq 4$$

9-2 $3x \leq x + 2$
$$2x \leq 2$$
$$\therefore x \leq 1$$

10-1 $-3x > 3x + 2$
$$-6x > 2$$
$$\therefore x < -\dfrac{1}{3}$$

10-2 $2x \leq -12 - x$
$$3x \leq -12$$
$$\therefore x \leq -4$$

14 일차부등식의 풀이 (2)

p. 128 ~ p. 129

1-1 $3x, 6, 2, 10, 5$

1-2 $x > 4$

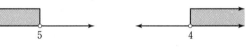

2-1 $x \geq 2$

2-2 $x \leq 1$

3-1 $x \leq 4$ **3-2** $x < -3$

4-1 $x > 3$ **4-2** $x \geq 1$

5-1 $x, 1, -3, -9, 3$

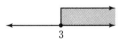

5-2 $x \leq 5$

6-1 $x \geq 3$ **6-2** $x > 4$

7-1 $x < 0$ **7-2** $x > -6$

8-1 $x \leq -5$ **8-2** $x \geq -4$

9-1 $x > 1$ **9-2** $x \leq -1$

10-1 $x < 2$ **10-2** $x > 3$

1-2 $4x - 5 > x + 7$
$$3x > 12$$
$$\therefore x > 4$$

2-1 $2x - 5 \geq -x + 1$
$$3x \geq 6$$
$$\therefore x \geq 2$$

2-2 $2x + 4 \leq -3x + 9$
$$5x \leq 5$$
$$\therefore x \leq 1$$

3-1 $4x - 6 \leq x + 6$
$$3x \leq 12$$
$$\therefore x \leq 4$$

3-2 $5x + 3 < 2x - 6$
$$3x < -9$$
$$\therefore x < -3$$

4-1 $3x-5>x+1$
$2x>6$
$\therefore x>3$

4-2 $4x-1\geq-2x+5$
$6x\geq6$
$\therefore x\geq1$

5-2 $12-4x\geq-x-3$
$-3x\geq-15$
$\therefore x\leq5$

6-1 $-4x+5\leq-3x+2$
$-x\leq-3$
$\therefore x\geq3$

6-2 $-3x+1<-x-7$
$-2x<-8$
$\therefore x>4$

7-1 $-x-1>x-1$
$-2x>0$
$\therefore x<0$

7-2 $3x-2<5x+10$
$-2x<12$
$\therefore x>-6$

8-1 $2x-3\geq4x+7$
$-2x\geq10$
$\therefore x\leq-5$

8-2 $2x+2\leq3x+6$
$-x\leq4$
$\therefore x\geq-4$

9-1 $-x+4<3x$
$-4x<-4$
$\therefore x>1$

9-2 $x-3\geq2x-2$
$-x\geq1$
$\therefore x\leq-1$

10-1 $9-3x>2x-1$
$-5x>-10$
$\therefore x<2$

10-2 $5-3x<-1-x$
$-2x<-6$
$\therefore x>3$

1-5 $x(x+5)\geq x^2-1$에서 $x^2+5x\geq x^2-1$
$\therefore 5x+1\geq0$ (일차부등식)

2-1 $-2x+12>6x-4$
$-8x>-16$
$\therefore x<2$

2-2 $2x-4\geq-x+2$
$3x\geq6$
$\therefore x\geq2$

2-3 $3x+2\leq x+8$
$2x\leq6$
$\therefore x\leq3$

2-4 $2x-5<4x+11$
$-2x<16$
$\therefore x>-8$

2-5 $5x+32>x+8$
$4x>-24$
$\therefore x>-6$

2-6 $-3x-2\leq x+6$
$-4x\leq8$
$\therefore x\geq-2$

2-7 $8x+4\geq x-10$
$7x\geq-14$
$\therefore x\geq-2$

2-8 $9x+4<5x+2$
$4x<-2$
$\therefore x<-\dfrac{1}{2}$

2-9 $5x-20<2x+1$
$3x<21$
$\therefore x<7$

2-10 $-3x+2\geq x+6$
$-4x\geq4$
$\therefore x\leq-1$

3 A $\Rightarrow$ $2-2x<x+5$
$-3x<3$
$\therefore x>-1$

B $\Rightarrow$ $x-1\geq3x-5$
$-2x\geq-4$
$\therefore x\leq2$

C $\Rightarrow$ $6x-2>4x-12$
$2x>-10$
$\therefore x>-5$

D $\Rightarrow$ $x+4\leq8-3x$
$4x\leq4$
$\therefore x\leq1$

E $\Rightarrow$ $x-2>3x+2$
$-2x>4$
$\therefore x<-2$

STEP 2

기본연산 집중연습 | 10~14
p. 130 ~ p. 131

1-1 $\times$		**1-2** $\bigcirc$	
1-3 $\bigcirc$		**1-4** $\times$	
1-5 $\bigcirc$		**1-6** $\times$	
2-1 $x<2$		**2-2** $x\geq2$	
2-3 $x\leq3$		**2-4** $x>-8$	
2-5 $x>-6$		**2-6** $x\geq-2$	
2-7 $x\geq-2$		**2-8** $x<-\dfrac{1}{2}$	
2-9 $x<7$		**2-10** $x\leq-1$	

3 A-ⓒ, B-㉠, C-ⓜ, D-ⓛ, E-㉣

1-3 $5x-4\leq6-x$에서 $6x-10\leq0$ (일차부등식)

1-4 $x+5<-1+x$에서 $6<0$ (일차부등식이 아니다.)

STEP 1

15 괄호가 있는 일차부등식의 풀이
p. 132 ~ p. 133

1-1 $6, 2x, 6, -5$		**1-2** $x\geq9$	
2-1 $x<-7$		**2-2** $x<4$	
3-1 $x>-4$		**3-2** $x\leq-5$	
4-1 $x\leq2$		**4-2** $x\geq3$	
5-1 $x<9$		**5-2** $x\geq-1$	
6-1 $x\geq\dfrac{6}{7}$		**6-2** $x<-3$	
7-1 $x>2$		**7-2** $x\leq4$	
8-1 $x<-6$		**8-2** $x\leq\dfrac{9}{4}$	
9-1 $x<-2$		**9-2** $x\leq-3$	
10-1 $x\leq-3$		**10-2** $x>\dfrac{18}{5}$	

1-2 $2x+6 \leq 4(x-3)$
$2x+6 \leq 4x-12$
$-2x \leq -18$
$\therefore x \geq 9$

2-1 $2(x-1) > 3x+5$
$2x-2 > 3x+5$
$-x > 7$
$\therefore x < -7$

2-2 $3(x-3) < -x+7$
$3x-9 < -x+7$
$4x < 16$
$\therefore x < 4$

3-1 $2(x-3) < 5x+6$
$2x-6 < 5x+6$
$-3x < 12$
$\therefore x > -4$

3-2 $1-3x \geq -2(x-3)$
$1-3x \geq -2x+6$
$-x \geq 5$
$\therefore x \leq -5$

4-1 $5-(3-x) \geq 2x$
$5-3+x \geq 2x$
$-x \geq -2$
$\therefore x \leq 2$

4-2 $2x-(5x-4) \leq -5$
$2x-5x+4 \leq -5$
$-3x \leq -9$
$\therefore x \geq 3$

5-1 $3(x-1) < 2(x+3)$
$3x-3 < 2x+6$
$\therefore x < 9$

5-2 $5(x+1) \geq -2(x+1)$
$5x+5 \geq -2x-2$
$7x \geq -7$
$\therefore x \geq -1$

6-1 $4(1-2x) \leq -(x+2)$
$4-8x \leq -x-2$
$-7x \leq -6$
$\therefore x \geq \dfrac{6}{7}$

6-2 $-2(x+4) > 2(x+2)$
$-2x-8 > 2x+4$
$-4x > 12$
$\therefore x < -3$

7-1 $3(4-x) < 2(x+1)$
$12-3x < 2x+2$
$-5x < -10$
$\therefore x > 2$

7-2 $3(x-2) \leq 6(5-x)$
$3x-6 \leq 30-6x$
$9x \leq 36$
$\therefore x \leq 4$

8-1 $2(3-2x) > 6(x+11)$
$6-4x > 6x+66$
$-10x > 60$
$\therefore x < -6$

8-2 $-(x-3) \geq 3(x-2)$
$-x+3 \geq 3x-6$
$-4x \geq -9$
$\therefore x \leq \dfrac{9}{4}$

9-1 $2(x+5) > 3(2x+4)+6$
$2x+10 > 6x+12+6$
$-4x > 8$
$\therefore x < -2$

9-2 $5-(4+3x) \geq -2(x-2)$
$5-4-3x \geq -2x+4$
$-x \geq 3$
$\therefore x \leq -3$

10-1 $x-3(x-3) \leq 3(2-x)$
$x-3x+9 \leq 6-3x$
$\therefore x \leq -3$

10-2 $3(x-3)+2 > 4-(2x-7)$
$3x-9+2 > 4-2x+7$
$5x > 18$
$\therefore x > \dfrac{18}{5}$

1-1 $x, x, 2x, 4$　　　　　**1-2** $x \geq -4$

2-1 $x \leq -6$　　　　　　**2-2** $x < 5$

3-1 $x \leq \dfrac{32}{3}$　　　　　　**3-2** $x > \dfrac{3}{5}$

4-1 $x \leq -11$　　　　　**4-2** $x < -8$

5-1 $10, 15, 10, -25, x < \dfrac{5}{3}$　**5-2** $x \leq 4$

6-1 $x \geq 6$　　　　　　**6-2** $x > -5$

7-1 $x < 10$　　　　　　**7-2** $x \leq 2$

8-1 $3, 12, 12, -24, x > 8$　**8-2** $x \geq 2$

9-1 $x < -2$　　　　　　**9-2** $x \geq -1$

10-1 $x \leq 2$　　　　　**10-2** $x \geq 1$

11-1 $x < -\dfrac{13}{6}$　　　　**11-2** $x \geq 2$

12-1 $0.21, 21, 21, \dfrac{3}{10}$　　**12-2** $x < -\dfrac{3}{20}$

13-1 $x \leq 2$　　　　　**13-2** $x \geq \dfrac{16}{3}$

14-1 $x \geq -5$　　　　　**14-2** $x \leq -1$

1-2 $0.5x \geq 0.2x - 1.2$　（양변에 10을 곱한다.）
$$5x \geq 2x - 12$$
$$3x \geq -12$$
$$\therefore x \geq -4$$

2-1 $0.6x \leq 0.4x - 1.2$　（양변에 10을 곱한다.）
$$6x \leq 4x - 12$$
$$2x \leq -12$$
$$\therefore x \leq -6$$

2-2 $-0.2x + 0.2 > -0.1x - 0.3$　（양변에 10을 곱한다.）
$$-2x + 2 > -x - 3$$
$$-x > -5$$
$$\therefore x < 5$$

3-1 $0.5x + 2 \geq 0.8x - 1.2$　（양변에 10을 곱한다.）
$$5x + 20 \geq 8x - 12$$
$$-3x \geq -32$$
$$\therefore x \leq \dfrac{32}{3}$$

3-2 $0.5x + 0.2 < x - 0.1$　（양변에 10을 곱한다.）
$$5x + 2 < 10x - 1$$
$$-5x < -3$$
$$\therefore x > \dfrac{3}{5}$$

4-1 $0.8x + 1.5 \leq 0.3x - 4$　（양변에 10을 곱한다.）
$$8x + 15 \leq 3x - 40$$
$$5x \leq -55$$
$$\therefore x \leq -11$$

4-2 $0.1x - 0.6 > 1 + 0.3x$　（양변에 10을 곱한다.）
$$x - 6 > 10 + 3x$$
$$-2x > 16$$
$$\therefore x < -8$$

5-2 $0.03x - 0.1 \leq 0.02$　（양변에 100을 곱한다.）
$$3x - 10 \leq 2$$
$$3x \leq 12$$
$$\therefore x \leq 4$$

6-1 $0.05x \geq 1.5 - 0.2x$　（양변에 100을 곱한다.）
$$5x \geq 150 - 20x$$
$$25x \geq 150$$
$$\therefore x \geq 6$$

6-2 $0.01x < 0.1x + 0.45$　（양변에 100을 곱한다.）
$$x < 10x + 45$$
$$-9x < 45$$
$$\therefore x > -5$$

7-1 $0.04x - 0.3 < -0.01x + 0.2$　（양변에 100을 곱한다.）
$$4x - 30 < -x + 20$$
$$5x < 50$$
$$\therefore x < 10$$

7-2 $0.36x - 0.14 \leq 0.24x + 0.1$　（양변에 100을 곱한다.）
$$36x - 14 \leq 24x + 10$$
$$12x \leq 24$$
$$\therefore x \leq 2$$

8-2 $0.9x \geq 0.2(x + 7)$　（양변에 10을 곱한다.）
$$9x \geq 2(x + 7)$$
$$9x \geq 2x + 14$$
$$7x \geq 14$$
$$\therefore x \geq 2$$

9-1 $0.2(3x - 4) > 1.5x + 1$　（양변에 10을 곱한다.）
$$2(3x - 4) > 15x + 10$$
$$6x - 8 > 15x + 10$$
$$-9x > 18$$
$$\therefore x < -2$$

9-2 $0.3(2x - 3) \leq 3.5x + 2$　（양변에 10을 곱한다.）
$$3(2x - 3) \leq 35x + 20$$
$$6x - 9 \leq 35x + 20$$
$$-29x \leq 29$$
$$\therefore x \geq -1$$

10-1
$$0.3x-0.2(x-4)\le 1$$
양변에 10을 곱한다.
$$3x-2(x-4)\le 10$$
$$3x-2x+8\le 10$$
$$\therefore x\le 2$$

10-2
$$0.3(2x+1)-0.5\ge 0.4x$$
양변에 10을 곱한다.
$$3(2x+1)-5\ge 4x$$
$$6x+3-5\ge 4x$$
$$2x\ge 2$$
$$\therefore x\ge 1$$

11-1
$$0.3(2x-1)>1.2x+1$$
양변에 10을 곱한다.
$$3(2x-1)>12x+10$$
$$6x-3>12x+10$$
$$-6x>13$$
$$\therefore x<-\frac{13}{6}$$

11-2
$$0.2(3-x)+0.8\le 0.5x$$
양변에 10을 곱한다.
$$2(3-x)+8\le 5x$$
$$6-2x+8\le 5x$$
$$-7x\le -14$$
$$\therefore x\ge 2$$

12-2
$$x<0.2(x-0.6)$$
괄호를 푼다.
$$x<0.2x-0.12$$
양변에 100을 곱한다.
$$100x<20x-12$$
$$80x<-12$$
$$\therefore x<-\frac{3}{20}$$

13-1
$$0.1(x-0.3)\le 0.17$$
괄호를 푼다.
$$0.1x-0.03\le 0.17$$
양변에 100을 곱한다.
$$10x-3\le 17$$
$$10x\le 20$$
$$\therefore x\le 2$$

13-2
$$0.3(0.1x-0.2)\ge 0.1$$
괄호를 푼다.
$$0.03x-0.06\ge 0.1$$
양변에 100을 곱한다.
$$3x-6\ge 10$$
$$3x\ge 16$$
$$\therefore x\ge \frac{16}{3}$$

14-1
$$0.2(0.5-0.7x)\le 0.8$$
괄호를 푼다.
$$0.1-0.14x\le 0.8$$
양변에 100을 곱한다.
$$10-14x\le 80$$
$$-14x\le 70$$
$$\therefore x\ge -5$$

14-2
$$-3(0.2x-0.3)\ge 0.5(2-x)$$
괄호를 푼다.
$$-0.6x+0.9\ge 1-0.5x$$
양변에 10을 곱한다.
$$-6x+9\ge 10-5x$$
$$-x\ge 1$$
$$\therefore x\le -1$$

17 계수가 분수인 일차부등식의 풀이
p. 137 ~ p. 139

1-1	$20, 20, 5, 20, 4$	**1-2**	$x<3$
2-1	$x\ge -2$	**2-2**	$x\ge 6$
3-1	$x<-20$	**3-2**	$x\ge -2$
4-1	$x\le 24$	**4-2**	$x<1$
5-1	$x\ge -3$	**5-2**	$x<1$
6-1	$x<7$	**6-2**	$x<-6$
7-1	$x\le -\frac{1}{2}$	**7-2**	$x\ge \frac{10}{7}$
8-1	$2, 8, 8, 3, x\ge -1$	**8-2**	$x>-12$
9-1	$x>-11$	**9-2**	$x\ge -2$
10-1	$x\le 2$	**10-2**	$x<-4$
11-1	$x\ge 4$	**11-2**	$x<-2$
12-1	$x>-3$	**12-2**	$x>3$
13-1	$x>19$	**13-2**	$x\ge 5$
14-1	$x\le 9$	**14-2**	$x<-3$

1-2
$$\frac{x}{2}<\frac{x}{6}+1$$
양변에 분모의 최소공배수 6을 곱한다.
$$3x<x+6$$
$$2x<6$$
$$\therefore x<3$$

2-1
$$\frac{1}{5}x\le \frac{1}{2}x+\frac{3}{5}$$
양변에 분모의 최소공배수 10을 곱한다.
$$2x\le 5x+6$$
$$-3x\le 6$$
$$\therefore x\ge -2$$

2-2
$$\frac{1}{2}x\ge \frac{1}{3}x+1$$
양변에 분모의 최소공배수 6을 곱한다.
$$3x\ge 2x+6$$
$$\therefore x\ge 6$$

3-1
$$\frac{1}{4}x-1>\frac{2}{5}x+2$$
양변에 분모의 최소공배수 20을 곱한다.
$$5x-20>8x+40$$
$$-3x>60$$
$$\therefore x<-20$$

3-2 $-\dfrac{3}{4}x-1 \le \dfrac{1}{2}x+\dfrac{3}{2}$ 양변에 분모의 최소공배수 4를 곱한다.

$$-3x-4 \le 2x+6$$
$$-5x \le 10$$
$$\therefore x \ge -2$$

4-1 $\dfrac{x}{3}+1 \ge \dfrac{2}{5}x-\dfrac{3}{5}$ 양변에 분모의 최소공배수 15를 곱한다.

$$5x+15 \ge 6x-9$$
$$-x \ge -24$$
$$\therefore x \le 24$$

4-2 $\dfrac{2}{5}x+\dfrac{7}{10} < \dfrac{1}{10}x+1$ 양변에 분모의 최소공배수 10을 곱한다.

$$4x+7 < x+10$$
$$3x < 3$$
$$\therefore x < 1$$

5-1 $\dfrac{x}{3} \le \dfrac{5}{6}x+\dfrac{3}{2}$ 양변에 분모의 최소공배수 6을 곱한다.

$$2x \le 5x+9$$
$$-3x \le 9$$
$$\therefore x \ge -3$$

5-2 $\dfrac{x}{5}+\dfrac{1}{3} > \dfrac{8}{15}x$ 양변에 분모의 최소공배수 15를 곱한다.

$$3x+5 > 8x$$
$$-5x > -5$$
$$\therefore x < 1$$

6-1 $\dfrac{3}{5}x < \dfrac{x}{2}+\dfrac{7}{10}$ 양변에 분모의 최소공배수 10을 곱한다.

$$6x < 5x+7$$
$$\therefore x < 7$$

6-2 $\dfrac{2}{3}x-\dfrac{1}{2} > \dfrac{3}{4}x$ 양변에 분모의 최소공배수 12를 곱한다.

$$8x-6 > 9x$$
$$-x > 6$$
$$\therefore x < -6$$

7-1 $\dfrac{x}{3} \ge \dfrac{5}{6}x+\dfrac{1}{4}$ 양변에 분모의 최소공배수 12를 곱한다.

$$4x \ge 10x+3$$
$$-6x \ge 3$$
$$\therefore x \le -\dfrac{1}{2}$$

7-2 $\dfrac{3}{4}x \ge \dfrac{2}{5}x+\dfrac{1}{2}$ 양변에 분모의 최소공배수 20을 곱한다.

$$15x \ge 8x+10$$
$$7x \ge 10$$
$$\therefore x \ge \dfrac{10}{7}$$

8-2 $\dfrac{x+3}{6} < \dfrac{x+6}{4}$ 양변에 분모의 최소공배수 12를 곱한다.

$$2(x+3) < 3(x+6)$$
$$2x+6 < 3x+18$$
$$-x < 12$$
$$\therefore x > -12$$

9-1 $\dfrac{2x+1}{3} > \dfrac{x-3}{2}$ 양변에 분모의 최소공배수 6을 곱한다.

$$2(2x+1) > 3(x-3)$$
$$4x+2 > 3x-9$$
$$\therefore x > -11$$

9-2 $\dfrac{x-2}{4}-\dfrac{2x-1}{5} \le 0$ 양변에 분모의 최소공배수 20을 곱한다.

$$5(x-2)-4(2x-1) \le 0$$
$$5x-10-8x+4 \le 0$$
$$-3x \le 6$$
$$\therefore x \ge -2$$

10-1 $\dfrac{x-2}{4} \le \dfrac{x}{6}-\dfrac{1}{3}$ 양변에 분모의 최소공배수 12를 곱한다.

$$3(x-2) \le 2x-4$$
$$3x-6 \le 2x-4$$
$$\therefore x \le 2$$

10-2 $\dfrac{1-2x}{3} > 2-\dfrac{x}{4}$ 양변에 분모의 최소공배수 12를 곱한다.

$$4(1-2x) > 24-3x$$
$$4-8x > 24-3x$$
$$-5x > 20$$
$$\therefore x < -4$$

11-1 $\dfrac{1}{3}x-\dfrac{5-x}{2} \ge \dfrac{5}{6}$ 양변에 분모의 최소공배수 6을 곱한다.

$$2x-3(5-x) \ge 5$$
$$2x-15+3x \ge 5$$
$$5x \ge 20$$
$$\therefore x \ge 4$$

11-2 $\dfrac{1}{2}x-\dfrac{x-2}{4} > 2+x$ 양변에 분모의 최소공배수 4를 곱한다.

$$2x-(x-2) > 8+4x$$
$$2x-x+2 > 8+4x$$
$$-3x > 6$$
$$\therefore x < -2$$

12-1 $\dfrac{x-3}{4}-\dfrac{3x-1}{5} < \dfrac{1}{2}$ 양변에 분모의 최소공배수 20을 곱한다.

$$5(x-3)-4(3x-1) < 10$$
$$5x-15-12x+4 < 10$$
$$-7x < 21$$
$$\therefore x > -3$$

12-2
$$3-\frac{x-3}{4}<\frac{x+3}{2}$$
양변에 분모의 최소공배수 4를 곱한다.
$$12-(x-3)<2(x+3)$$
$$12-x+3<2x+6$$
$$-3x<-9$$
$$\therefore x>3$$

13-1
$$\frac{3x-2}{5}>2+\frac{x-1}{2}$$
양변에 분모의 최소공배수 10을 곱한다.
$$2(3x-2)>20+5(x-1)$$
$$6x-4>20+5x-5$$
$$\therefore x>19$$

13-2
$$\frac{x-2}{3}+2\geq\frac{7+x}{4}$$
양변에 분모의 최소공배수 12를 곱한다.
$$4(x-2)+24\geq3(7+x)$$
$$4x-8+24\geq21+3x$$
$$\therefore x\geq5$$

14-1
$$\frac{x-1}{3}-\frac{x+1}{4}\leq\frac{1}{6}$$
양변에 분모의 최소공배수 12를 곱한다.
$$4(x-1)-3(x+1)\leq2$$
$$4x-4-3x-3\leq2$$
$$\therefore x\leq9$$

14-2
$$\frac{3x+5}{4}<\frac{x-1}{2}+1$$
양변에 분모의 최소공배수 4를 곱한다.
$$3x+5<2(x-1)+4$$
$$3x+5<2x-2+4$$
$$\therefore x<-3$$

18 복잡한 일차부등식의 풀이   p. 140 ~ p. 141

1-1 $\frac{1}{5}, 5, 5, -6, x\leq2$ **1-2** $x<3$

2-1 $x<1$ **2-2** $x\geq2$

3-1 $x\geq-16$ **3-2** $x<-\frac{6}{5}$

4-1 $\frac{1}{2}, 10, 3x, -2, x>-7$ **4-2** $x\geq3$

5-1 $x>-\frac{1}{5}$ **5-2** $x\leq1$

6-1 $x\geq5$ **6-2** $x<-4$

7-1 $x\leq0$ **7-2** $x>-\frac{1}{3}$

8-1 $x>2$ **8-2** $x\geq-\frac{7}{8}$

1-2
$$\frac{1}{5}x+0.4>x-2$$
$$\frac{1}{5}x+\frac{2}{5}>x-2$$
양변에 5를 곱한다.
$$x+2>5x-10$$
$$-4x>-12$$
$$\therefore x<3$$

2-1
$$\frac{1}{2}x+0.3>x-\frac{1}{5}$$
$$\frac{1}{2}x+\frac{3}{10}>x-\frac{1}{5}$$
양변에 10을 곱한다.
$$5x+3>10x-2$$
$$-5x>-5$$
$$\therefore x<1$$

2-2
$$\frac{x}{3}+0.5\leq x-\frac{5}{6}$$
$$\frac{x}{3}+\frac{1}{2}\leq x-\frac{5}{6}$$
양변에 6을 곱한다.
$$2x+3\leq6x-5$$
$$-4x\leq-8$$
$$\therefore x\geq2$$

3-1
$$\frac{1}{4}x+0.6\geq0.2x-\frac{1}{5}$$
$$\frac{1}{4}x+\frac{3}{5}\geq\frac{1}{5}x-\frac{1}{5}$$
양변에 20을 곱한다.
$$5x+12\geq4x-4$$
$$\therefore x\geq-16$$

3-2
$$\frac{1}{2}+1.5x<\frac{5}{4}x+0.2$$
$$\frac{1}{2}+\frac{3}{2}x<\frac{5}{4}x+\frac{1}{5}$$
양변에 20을 곱한다.
$$10+30x<25x+4$$
$$5x<-6$$
$$\therefore x<-\frac{6}{5}$$

4-2
$$\frac{1}{5}(3x+2)\geq0.4x+1$$
$$\frac{1}{5}(3x+2)\geq\frac{2}{5}x+1$$
양변에 5를 곱한다.
$$3x+2\geq2x+5$$
$$\therefore x\geq3$$

5-1
$$\frac{6}{5}x+1.2>0.2(x+5)$$
$$\frac{6}{5}x+\frac{6}{5}>\frac{1}{5}(x+5)$$
양변에 5를 곱한다.
$$6x+6>x+5$$
$$5x>-1$$
$$\therefore x>-\frac{1}{5}$$

5-2 $0.3(2x+1)-\dfrac{1}{2}\le 0.4x$

$\dfrac{3}{10}(2x+1)-\dfrac{1}{2}\le\dfrac{2}{5}x$ ┐ 양변에 10을 곱한다.

$3(2x+1)-5\le 4x$

$6x+3-5\le 4x$

$2x\le 2$

$\therefore x\le 1$

6-1 $0.4-\dfrac{1}{5}x\le 0.2(x-8)$

$\dfrac{2}{5}-\dfrac{1}{5}x\le\dfrac{1}{5}(x-8)$ ┐ 양변에 5를 곱한다.

$2-x\le x-8$

$-2x\le -10$

$\therefore x\ge 5$

6-2 $0.7(2x+3)>\dfrac{8}{5}x+2.9$

$\dfrac{7}{10}(2x+3)>\dfrac{8}{5}x+\dfrac{29}{10}$ ┐ 양변에 10을 곱한다.

$7(2x+3)>16x+29$

$14x+21>16x+29$

$-2x>8$

$\therefore x<-4$

7-1 $-\dfrac{x-2}{2}+2\ge 0.5x+3$

$-\dfrac{x-2}{2}+2\ge\dfrac{1}{2}x+3$ ┐ 양변에 2를 곱한다.

$-(x-2)+4\ge x+6$

$-x+2+4\ge x+6$

$-2x\ge 0$

$\therefore x\le 0$

7-2 $\dfrac{2x-1}{3}-\dfrac{x+2}{6}<x-0.5$

$\dfrac{2x-1}{3}-\dfrac{x+2}{6}<x-\dfrac{1}{2}$ ┐ 양변에 6을 곱한다.

$2(2x-1)-(x+2)<6x-3$

$4x-2-x-2<6x-3$

$-3x<1$

$\therefore x>-\dfrac{1}{3}$

8-1 $\dfrac{2+3x}{5}<0.2(7x-6)$

$\dfrac{2+3x}{5}<\dfrac{1}{5}(7x-6)$ ┐ 양변에 5를 곱한다.

$2+3x<7x-6$

$-4x<-8$

$\therefore x>2$

8-2 $\dfrac{1-2x}{4}\le 0.5(3x+4)$

$\dfrac{1-2x}{4}\le\dfrac{1}{2}(3x+4)$ ┐ 양변에 4를 곱한다.

$1-2x\le 2(3x+4)$

$1-2x\le 6x+8$

$-8x\le 7$

$\therefore x\ge -\dfrac{7}{8}$

STEP 2

기본연산 집중연습 | 15~18   p. 142 ~ p. 143

1-1	$x<-1$	**1-2**	$x\le 4$
1-3	$x>-8$	**1-4**	$x\ge 1$
1-5	$x\le -7$	**1-6**	$x<4$
1-7	$x<-4$	**1-8**	$x\ge 4$
1-9	$x<-18$	**1-10**	$x\le 2$
1-11	$x\le 5$	**1-12**	$x>1$
1-13	$x\le -4$	**1-14**	$x\le 5$
2-1	㉠, $x<-\dfrac{13}{2}$	**2-2**	㉠, $x>-10$
2-3	㉣, $x\le -1$	**2-4**	㉠, $x\ge 1$

1-1 $4x<3(x-1)+2$

$4x<3x-3+2$

$\therefore x<-1$

1-2 $5-5(x-4)\ge 3x-7$

$5-5x+20\ge 3x-7$

$-8x\ge -32$

$\therefore x\le 4$

1-3 $4(x+1)>2(x-6)$

$4x+4>2x-12$

$2x>-16$

$\therefore x>-8$

1-4

$$8-2(x+3) \leq 3(x-1)$$
$$8-2x-6 \leq 3x-3$$
$$-5x \leq -5$$
$$\therefore x \geq 1$$

1-5

$$0.2x-0.3 \geq 0.5x+1.8$$
$$2x-3 \geq 5x+18$$
$$-3x \geq 21$$
$$\therefore x \leq -7$$

1-6

$$0.27x-0.3 < -0.14+0.23x$$
$$27x-30 < -14+23x$$
$$4x < 16$$
$$\therefore x < 4$$

1-7

$$0.2(x+3) > 1+0.3x$$
$$2(x+3) > 10+3x$$
$$2x+6 > 10+3x$$
$$-x > 4$$
$$\therefore x < -4$$

1-8

$$3(1-0.2x) \leq 0.1x+0.2$$
$$3-0.6x \leq 0.1x+0.2$$
$$30-6x \leq x+2$$
$$-7x \leq -28$$
$$\therefore x \geq 4$$

1-9

$$\frac{2}{3}x-\frac{3}{2} > \frac{3}{4}x$$
$$8x-18 > 9x$$
$$-x > 18$$
$$\therefore x < -18$$

1-10

$$x-\frac{1}{2} \leq \frac{x}{3}+\frac{5}{6}$$
$$6x-3 \leq 2x+5$$
$$4x \leq 8$$
$$\therefore x \leq 2$$

1-11

$$\frac{x}{5}-1 \geq \frac{x-5}{3}$$
$$3x-15 \geq 5(x-5)$$
$$3x-15 \geq 5x-25$$
$$-2x \geq -10$$
$$\therefore x \leq 5$$

1-12

$$1-\frac{2x-1}{2} < \frac{x+1}{4}$$
$$4-2(2x-1) < x+1$$
$$4-4x+2 < x+1$$
$$-5x < -5$$
$$\therefore x > 1$$

1-13

$$\frac{1}{2}x+0.3 \geq \frac{4}{5}x+1.5$$
$$\frac{1}{2}x+\frac{3}{10} \geq \frac{4}{5}x+\frac{3}{2}$$
$$5x+3 \geq 8x+15$$
$$-3x \geq 12$$
$$\therefore x \leq -4$$

1-14

$$0.5x-1 \leq \frac{1}{6}(x+4)$$
$$\frac{1}{2}x-1 \leq \frac{1}{6}(x+4)$$
$$3x-6 \leq x+4$$
$$2x \leq 10$$
$$\therefore x \leq 5$$

2-1

$$4(x+1)-2(x-6) < 3$$
$$4x+4-2x+12 < 3$$
$$4x-2x < 3-4-12$$
$$2x < -13$$
$$\therefore x < -\frac{13}{2}$$

2-2

$$0.2x-1 < 0.3x$$
$$2x-10 < 3x$$
$$2x-3x < 10$$
$$-x < 10$$
$$\therefore x > -10$$

2-3

$$\frac{1}{3}x-\frac{1}{6} \geq \frac{x}{2}$$
$$2x-1 \geq 3x$$
$$2x-3x \geq 1$$
$$-x \geq 1$$
$$\therefore x \leq -1$$

2-4

$$\frac{2x+1}{3}-\frac{x-1}{2} \geq 1$$
$$2(2x+1)-3(x-1) \geq 6$$
$$4x+2-3x+3 \geq 6$$
$$4x-3x \geq 6-2-3$$
$$\therefore x \geq 1$$

19 일차부등식의 활용
p. 144 ~ p. 148

1-1 (1) $3x$, $>$ (2) $3x+15>72$ (3) $x>19$ (4) 20

1-2 6 　　　　　　**1-3** 27, 28, 29

2-1 (1) $\leq$ (2) $3000+800x\leq10000$ (3) $x\leq\dfrac{70}{8}$ (4) 8자루

2-2 11개 　　　　　**2-3** 10송이

3-1 (1)

	집 근처 매장	할인 매장
음료수 가격(원)	800	500
교통비(원)	0	1800
총 비용(원)	$800x$	$500x+1800$

(2) $800x>500x+1800$ (3) $x>6$ (4) 7캔

3-2 6권 　　　　　　**3-3** 25명

4-1 (1) $x-10$ (2) $2\{(x-10)+x\}\geq140$ (3) $x\geq40$ (4) 40 cm

4-2 13 cm 　　　　　**4-3** 9 cm

5-1 (1)

	올라갈 때	내려올 때
거리	x km	x km
속력	시속 3 km	시속 5 km
시간	$\dfrac{x}{3}$ 시간	$\dfrac{x}{5}$ 시간

(2) $\leq$, $\dfrac{x}{3}+\dfrac{x}{5}\leq3$ (3) $x\leq\dfrac{45}{8}$ (4) $\dfrac{45}{8}$ km

5-2 1 km 　　　　　**5-3** $\dfrac{9}{8}$ km

1-1 (3) $3x+15>72$에서 $3x>57$ 　　$\therefore x>19$

(4) x는 정수이므로 조건을 만족하는 가장 작은 수는 20이다.

1-2 어떤 정수를 x라 하면

$4(x+2)\leq32$, $x+2\leq8$ 　　$\therefore x\leq6$

따라서 조건을 만족하는 가장 큰 수는 6이다.

1-3 연속하는 세 자연수를 $x-1$, x, $x+1$이라 하면

$(x-1)+x+(x+1)<87$, $3x<87$ 　　$\therefore x<29$

따라서 조건을 만족하는 가장 큰 세 자연수는 27, 28, 29이다.

2-1 (3) $3000+800x\leq10000$에서 $800x\leq7000$

$\therefore x\leq\dfrac{70}{8}$

(4) 볼펜의 수는 자연수이므로 최대 8자루까지 살 수 있다.

2-2 상자의 개수를 x개라 하면

$50+40x\leq500$, $40x\leq450$ 　　$\therefore x\leq\dfrac{45}{4}$

따라서 한 번에 상자를 최대 11개까지 운반할 수 있다.

2-3 빨간 장미를 x송이라 하면 노란 장미는 $(20-x)$송이이므로

$1500x+1000(20-x)\leq25000$

$1500x+20000-1000x\leq25000$

$500x\leq5000$ 　　$\therefore x\leq10$

따라서 빨간 장미는 최대 10송이까지 살 수 있다.

3-1 (3) $800x>500x+1800$에서 $300x>1800$

$\therefore x>6$

(4) 음료수의 수는 자연수이므로 7캔 이상 사는 경우에 할인 매장에서 사는 것이 더 유리하다.

3-2 책을 x권 산다고 하면

$5000x>4500x+2500$

$500x>2500$ 　　$\therefore x>5$

따라서 6권 이상 사는 경우에 인터넷 서점에서 사는 것이 더 유리하다.

3-3 입장하는 사람 수를 x명이라 하면

$2000x>\left(2000\times\dfrac{80}{100}\right)\times30$

$2000x>48000$ 　　$\therefore x>24$

따라서 25명 이상일 때, 30명의 단체 입장권을 사는 것이 더 유리하다.

4-1 (3) $2\{(x-10)+x\}\geq140$에서 $4x-20\geq140$

$4x\geq160$ 　　$\therefore x\geq40$

(4) 세로의 길이는 40 cm 이상이어야 한다.

4-2 삼각형의 밑변의 길이를 x cm라 하면

$\dfrac{1}{2}\times x\times12\leq78$, $6x\leq78$ 　　$\therefore x\leq13$

따라서 밑변의 길이는 13 cm 이하이어야 한다.

4-3 사다리꼴의 아랫변의 길이를 x cm라 하면

$\dfrac{1}{2}\times(7+x)\times8\geq64$

$4x+28\geq64$, $4x\geq36$ 　　$\therefore x\geq9$

따라서 아랫변의 길이는 9 cm 이상이어야 한다.

5-1 (3) $\dfrac{x}{3}+\dfrac{x}{5}\leq3$에서 $5x+3x\leq45$

$8x\leq45$ 　　$\therefore x\leq\dfrac{45}{8}$

(4) 최대 $\dfrac{45}{8}$ km까지 올라갈 수 있다.

5-2 걸어간 거리를 x km라 하면 달려간 거리는 $(5-x)$ km이므로

$\dfrac{x}{3}+\dfrac{5-x}{6}\leq1$, $2x+5-x\leq6$ 　　$\therefore x\leq1$

따라서 걸어간 거리는 1 km 이하이다.

5-3 역에서 상점까지의 거리를 x km라 하면

$\dfrac{x}{3}+\dfrac{15}{60}+\dfrac{x}{3}\leq 1$, $4x+3+4x\leq 12$

$8x\leq 9$ $\therefore x\leq\dfrac{9}{8}$

따라서 $\dfrac{9}{8}$ km 이내에 있는 상점을 이용할 수 있다.

1-5 올라간 거리를 x km라 하면

$\dfrac{x}{2}+\dfrac{x}{3}\leq 5$, $3x+2x\leq 30$, $5x\leq 30$ $\therefore x\leq 6$

따라서 최대 6 km까지 올라갈 수 있다.

1-6 뛰어간 거리를 x km라 하면 걸어간 거리는 $(8-x)$ km
이므로

$\dfrac{8-x}{4}+\dfrac{x}{6}\leq 1\dfrac{20}{60}$

$3(8-x)+2x\leq 16$, $24-3x+2x\leq 16$

$-x\leq -8$ $\therefore x\geq 8$

따라서 지호가 뛰어간 거리는 8 km 이상이다.

STEP 2

기본연산 집중연습 | 19 p. 149

1-1	18, 20, 22	**1-2**	10장
1-3	16권	**1-4**	23 cm
1-5	6 km	**1-6**	8 km

1-1 연속하는 세 짝수를 $x-2$, x, $x+2$라 하면

$(x-2)+x+(x+2)>54$

$3x>54$ $\therefore x>18$

따라서 조건을 만족하는 가장 작은 세 짝수는 18, 20, 22
이다.

1-2 엽서를 x장이라 하면 우표는 $(100-x)$장이므로

$600x+300(100-x)\leq 33000$

$600x+30000-300x\leq 33000$

$300x\leq 3000$ $\therefore x\leq 10$

따라서 엽서는 최대 10장까지 살 수 있다.

1-3 공책을 x권 산다고 하면

$600x>500x+1500$

$100x>1500$ $\therefore x>15$

따라서 공책을 16권 이상 사는 경우에 할인 매장에서 사
는 것이 더 유리하다.

1-4 세로의 길이를 x cm라 하면 가로의 길이는 $(x+4)$ cm
이므로

$2\{(x+4)+x\}\leq 100$

$4x+8\leq 100$, $4x\leq 92$ $\therefore x\leq 23$

따라서 세로의 길이는 23 cm 이하이어야 한다.

STEP 3

기본연산 테스트 p. 150 ~ p. 151

1 (1) ○ (2) × (3) × (4) ○ (5) × (6) ○

2 (1) $2x\geq 5+x$ (2) $7a<5000$ (3) $x+16\leq 3x$
   (4) $x+15>170$ (5) $9x\geq 20$

3 (1) ○ (2) ○ (3) × (4) × (5) ○

4 (1) $>$ (2) $>$ (3) $<$ (4) $<$ (5) $<$

5 (1) $-13\leq 5x+2<37$ (2) $-6<-x+1\leq 4$

6 (1) × (2) ○ (3) × (4) ○ (5) ○

7 (1) $x<-2$ (2) $x\geq 8$ (3) $x\leq -3$
   (4) $x<-6$ (5) $x\leq 17$ (6) $x<2$ (7) $x<5$

8 94점   **9** 8명   **10** $\dfrac{7}{3}$ km

---

3 (1) $x=6$을 부등식에 대입하면
   $6+5\leq 2\times 6$ (참)
   (2) $x=3$을 부등식에 대입하면
   $3\leq -2+4\times 3$ (참)
   (3) $x=1$을 부등식에 대입하면
   $2\times 1+1\leq 1$ (거짓)
   (4) $x=0$을 부등식에 대입하면
   $3\times 0+1\leq -2$ (거짓)
   (5) $x=-4$를 부등식에 대입하면
   $-4>2\times(-4)+2$ (참)

4
(2)
$$a > b$$
$$2a > 2b$$
$$\therefore 2a+1 > 2b+1$$

(3)
$$a > b$$
$$-4a < -4b$$
$$\therefore -4a+3 < -4b+3$$

(4)
$$a > b$$
$$-5a < -5b$$
$$\therefore 1-5a < 1-5b$$

(5)
$$a > b$$
$$-\frac{1}{6}a < -\frac{1}{6}b$$
$$\therefore -\frac{1}{6}a-\frac{1}{3} < -\frac{1}{6}b-\frac{1}{3}$$

5
(1)
$$-3 \leq \quad x \quad < 7$$
$$-15 \leq \quad 5x \quad < 35$$
$$\therefore -13 \leq 5x+2 < 37$$

(2)
$$-3 \leq \quad x \quad < 7$$
$$-7 < \quad -x \quad \leq 3$$
$$\therefore -6 < -x+1 \leq 4$$

6
(1) $x-5 < x+3$에서 $-8 < 0$ (일차부등식이 아니다.)
(3) $2x^2+x+1 \geq 2$에서 $2x^2+x-1 \geq 0$
   (일차부등식이 아니다.)
(4) $x^2+4x+1 \leq x^2+3$에서 $4x-2 \leq 0$ (일차부등식)
(5) $3x-4 < x+2$에서 $2x-6 < 0$ (일차부등식)

7
(1) $5x+8 < -3x-8$
$$8x < -16$$
$$\therefore x < -2$$
(2) $2x+9 \leq 5(x-3)$
$$2x+9 \leq 5x-15$$
$$-3x \leq -24$$
$$\therefore x \geq 8$$
(3) $0.16x+0.4 \leq 0.01x-0.05$
$$16x+40 \leq x-5$$
$$15x \leq -45$$
$$\therefore x \leq -3$$

(4) $1.3(2x-3) > 3.5x+1.5$
$$13(2x-3) > 35x+15$$
$$26x-39 > 35x+15$$
$$-9x > 54$$
$$\therefore x < -6$$

(5) $\frac{3}{5}x+\frac{6}{5} \geq \frac{7}{10}x-\frac{1}{2}$
$$6x+12 \geq 7x-5$$
$$-x \geq -17$$
$$\therefore x \leq 17$$

(6) $\frac{5x-1}{3} < 2+\frac{x}{2}$
$$2(5x-1) < 12+3x$$
$$10x-2 < 12+3x$$
$$7x < 14$$
$$\therefore x < 2$$

(7) $\frac{2-x}{5} > 0.2(x-8)$
$$\frac{2-x}{5} > \frac{1}{5}(x-8)$$
$$2-x > x-8$$
$$-2x > -10$$
$$\therefore x < 5$$

8 네 번째 시험 성적을 x점이라 하면
$$\frac{85+88+93+x}{4} \geq 90$$
$$266+x \geq 360 \quad \therefore x \geq 94$$
따라서 네 번째 시험에서 94점 이상을 받아야 한다.

9 소인을 x명이라 하면 대인은 $(12-x)$명이므로
$$10000(12-x)+7000x \leq 96000$$
$$120000-10000x+7000x \leq 96000$$
$$-3000x \leq -24000 \quad \therefore x \geq 8$$
따라서 소인은 최소 8명 이상이다.

10 역에서 편의점까지의 거리를 x km라 하면
$$\frac{x}{4}+\frac{20}{60}+\frac{x}{4} \leq 1\frac{30}{60}$$
$$3x+4+3x \leq 18, \ 6x \leq 14 \quad \therefore x \leq \frac{7}{3}$$
따라서 역에서 $\frac{7}{3}$ km 이내에 있는 편의점에 갈 수 있다.

중학 연산의 빅데이터

빅터 연산